WEGE ZUR GESUNDHEIT
FUNCTIONAL COSMETIC
Giftfreie Autoregulativ-Cosmetic

Die Unversehrtheit des Körpers

geht der Seele voran.

Denn der unversehrte Körper

ist gleichsam der Schlüssel

zum Palast der Seele!
Moses Maimonides

Initiative: Qualitätsstoff
ZUM WOHLE DES LEBENS
DENN LEBEN IST DAS,
WAS UNS ALLE EINT!

2. Auflage

Deutsche Zweitauflage, Januar 2017

Herausgeber: hendrik von Asgard
Alle Arbeiten bis zur vollständigen Erstellung des Buches wurden vom Herausgeber geleistet.
Coverbild: **Medicine user interface**, lizensiert bei Fotolia.
Grafische Gestaltung: hendrik von Asgard

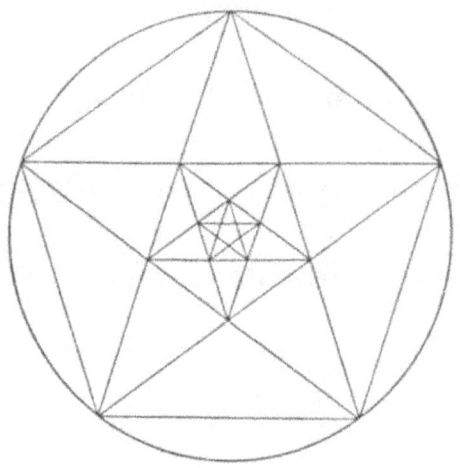

Weitere Informationen zu den Inhalten:
hendrik von Asgard
info@holisticart.eu

ISBN_13: 978-3844808599
Herstellung und Verlag
BoD-Books on Demand, Norderstedt.

INHALTSVERZEICHNIS

EINLEITUNG	4	- 11
STATUS QUO - SUB-OPTIMAL	12	- 17
SENSO CHECK®	18	- 27
BIOLOGISCHES SYSTEM: HAUT	28	- 56
WER IST HANS RAUSCH?	57	- 76
ONLY ONE® - BRÜCKE ZUR QUALITÄT	77	- 88
BIOWAFFE: KOSMETIK	89	- 130
ONLY ONE® - DIE QUALITÄTSLÖSUNG	131	- 138
ONLY ONE® - FUNCTIONAL CARE COMPONENTS	139	- 176
ONLY ONE® - DER UNTERSCHIED	177	- 186
ONLY ONE® - SO GEHT'S WEITER	187	- 195
SCHLUSSWORT	196	- 201
EINLADUNG	202	- 203
ANHÄNGE	204	- 208

**Sauberkeit ist sicher gut,
wer's übertreibt,
sich schaden tut.**

- GERALD DUNKL -

Einleitung

Gesundheit ist ein Konglomerat an einzelnen Faktoren, die sich im Falle einer *„Guten Gesundheit"* zu einem heilen Ganzen vereinen. Die griechische Bedeutung von Kosmetik entspringt dem Wort **kosmèo** was soviel bedeutet wie *ordnen* wobei auch *schmücken* damit ausgedrückt wird, jedoch im Sinne von *sich ordnen*. Wie in vielen Dingen, waren es die alten Ägypter, die für die Archäologen die ersten kosmetischen Artefakte hinterlassen haben. Man versuchte, den Göttern durch die Verwendung von Kosmetikartikeln ähnlich zu werden, worin sich der tiefere Sinn der Ordnung wiederfindet, da die Götter die höchste Ordnung bedeuteten, die man zu erlangen versuchte. Die Götter wurden als vollkommen glatte und makellose Wesen beschrieben, - Körper-behaarung galt als barbarisch und nur eine makellos reine Haut war Ausdruck von Reinheit und Schönheit im Sinne von *Gottähnlichkeit*. - Hierzu wurden verschiedene natürliche Substanzen verwendet wie Wasser, Harze, Blüten- sowie weitere Pflanzenextrakte. Die dekorative Kosmetik in Form von farbenfroher Schminke entstand ebenfalls aus dem Bedürfnis, den Göttern ähnlich zu werden. Diese konnten sowohl in makelloser Menschengestalt erscheinen, oder als faszinierende Gottwesen, wie z.B. *Horus*, der Gott des Himmels in seiner geflügelten, goldenen Göttererscheinung. Die Menschen der damaligen Zeit eiferten ihnen nach und fingen an, mehr am göttlichen Ausdruck zu arbeiten, weil sie sich dadurch GRÖßER fühlten, als an ihrem eigenen Ausdruck, der sie KLEIN bleiben ließ. Der Kosmetik-Grundgedanke war stets, **Ordnung** zu erzeugen, die jedoch 2 Qualitäten aufwies. Eine *funktionale*, die Gesundheit und Selbstausdruck *be-wirkt*, sowie eine *sinnliche*, die *er-* und *mit-wirkt* etwas zu werden oder zu sein, was man nicht ist. -

Auch das Mumifizieren war ein Akt der *Toten-Kosmetik,* um die verstorbenen Körper möglichst lange in ihrem Ausdruck lebendig zu halten, was ebenfalls wieder der Ordnung diente! Daraus entstand der Anspruch der Obrigkeit, das Wohlgefallen der Götter für sich allein zu beanspruchen, weswegen die Rezepte für die *Kosmetik der Götter* gehütet wurden.
Schönheit war ebenso ein Ausdruck gelebter Macht, wie man z.b. an Kleopatra erkennen kann, die den mächtigen Cäsar mit ihrer betörenden Schönheit zu vielen Vorhaben bewogen hat, die sie selbst und ihr Volk vor dem Schlimmsten bewahrte.
Funktionelle Kosmetik gab es damals auch schon, um sich den Umweltbedingungen anzupassen, wie der intensiven Sonnenstrahlung, was vor allem für die gemeinen Arbeiter und Leibeigenen von Bedeutung war, damit sie die Verschleißerscheinungen ihres arbeitsreichen Lebens lindern konnten. Aus diesem Grund bestand die *Kosmetik des kleinen Mannes* aus Cremes und Auszügen, die man aus der umgebenden Natur selbst herstellen konnte. Sie waren funktionaler Natur, womit sie der Gesundheit und nicht dem Prestige dienten. Doch selten schätzt man das, was man hat und so richtet man sich danach aus, was man nicht hat! - Die Wiederherstellung der Gesundheit und der Schutz vor äußeren Einflüssen war in erster Linie für das gemeine Volk wichtig, das damals wie heute, seinen Idolen, den Reichen und Mächtigen, folgte. - Diese mussten sich nicht präventiv mit Kosmetik schützen oder heilen; - sie konnten es sich leisten, sich nur auf die oberfläch-liche Dekoration zu beschränken, um dadurch gottähnlicher zu werden, was aber seinen Preis hatte, denn die meisten dekorativen Komponenten waren toxischer Natur und mussten sehr genau zubereitet werden, damit die toxischen Folgen des dekorierten Äußeren, nicht das Leben kosten würden.
Die Kosmetik der Götter wurde daher von Priestern und ihren Gehilfen formuliert und hergestellt, wie die alte Medizin-

schrift *Papyrus Ebers* zeigt, die man in der alten Königsstadt Luxor bei archäologischen Ausgrabungen im 19. Jahrhundert gefunden hat. Daraus geht hervor, dass bei den Zutaten bereits damals *(unwissentlich)* hoch toxische Stoffe verwendet wurden, wie z.b. das Mineral *Zinnober*, das man in Pasten mischte, um sich damit die Lippen zu färben!

Etwa 400 v. Chr. war es dann *Alexander der Große*, der über seinen *Alexanderzug*, das ägyptische Kosmetikwissen mit der persischen Kosmetik-Kultur zusammenbrachte, die im antiken Griechenland dann umfangreich in Anwendung kam.
Man fertigte Cremes, Tinkturen, Salben und Duftstoffe für die Körperpflege, zu medizinischen Zwecken und natürlich auch als Hilfsmittel zu sexuellen Praktiken, wodurch eine vielfältige Körperkultur entstand.
Damit wuchs auch das Angebot immer weiter, um Badesalze, parfümierte Salben und Salbölen die in Badestuben und Salbräumen zur Anwendung kamen. Obwohl dies alles bereits sehr Lange zurückliegt, kann man erkennen, dass sich an der Kosmetik-Kultur bis in die heutige Zeit nicht viel geändert hat!

Etwas weiter zurückliegend, nämlich in der Steinzeit, findet man die Kosmetik ebenfalls wieder, jedoch zu einem ganz anderen, viel ursprünglicheren Nutzen. Die Kosmetik damals erfüllte einen sehr funktionalen Zweck, z.B. bei der Jagd, um den Eigengeruch zu überdecken oder, um sich mit der Umgebung zu vereinen, indem man sich durch eine entsprechende Körperbemalung anpasste. Düfte, die heute ein wichtiger Bestandteil der Kosmetik sind, wurden damals *funktional* eingesetzt, indem man z.B. die Behausung mit dem Kautschuk aus Wolfsmilchgewächsen *(Euphorbiaceae)* besprühte *(Heute: z.B. Aromatherapie)*. Ein Fraßschutz für Mensch und Pflanze! - Der aggressive Kautschuk hielt wilde Tiere von der Behausung fern, da er sie blind machte. Als noch instinktgesteuertes

Wesen wurde Duft und Körperdekoration ausschließlich funktionell praktiziert, um sich mit der Natur zu arrangieren, - um überleben zu können. Der Götter-Kult zur Kosmetik kam erst sehr viel später auf, gefolgt von der Körperkultur, die über Griechenland und Rom eine sehr lange Zeit ein prägender Teil der damaligen Kulturen war. Immer mehr differenzierten sich zwei Richtungen aus, nämlich die Funktionelle- sowie die Prestige-Kosmetik, wobei nur die funktionelle Anwendung den Ur-Charakter der Kosmetik zum *Selbst-Zweck* widerspiegelt, der primär pflegend, heilend und präventiver Natur war.

Die Prestige-Kosmetik hingegen diente nur dem sinnlichen Genuss sowie dem äußeren Ausdruck, was sich daran bemaß, wie gottähnlich man in seinem menschlichen Körper erschien, was gleichsam auch der äußere Ausdruck von Wohlstand und Macht war. Um den äußeren Ausdruck durch ein sinnesreizinduziertes Gefühl zu verstärken, verwendete man Düfte.
Man sagt, *dass der Duft der direkte Weg zur Seele sei*, weswegen Wohlgeruch als wertvolles Kleinod galt, zumal man ja damals über nur wenige Quellen betörender Düfte verfügte. Dazu gehörte z.B. *Amber*, eine wachsartige Substanz, die man aus dem Verdauungstrakt von Walfischen gewann. Ein weiterer tierischer Duftstoff wird aus den Absonderungen der Drüse des *Moschus*hirsches gewonnen und *Zibet* gewann man aus den Ausscheidungen der *Zibet-Katze*. Um auch einen pflanzlichen Duftstoff zu benennen möge die *Myrrhe* benannt sein, die man aus dem Harz des Balsambaumgewächses erhält. Sie galt als sehr wertvoll und wurde auch dem Jesuskind als Gabe gereicht. Diese Düfte untermauerten das Prestige umso mehr, als dass sie sich nur Reiche und Mächtige leisten konnten. - Alle Stoffe sind nur sehr begrenzt verfügbar. Diesem Umstand ist es zu danken, dass man immer neue Möglichkeiten und Wege gesucht und

gefunden hat, an neue Duftstoffe zu kommen; - die Nachfrage war da, jedoch das Angebot fehlte und so entstand neben der *Funktional-kosmetik*, für welche die Natur eine Vielzahl von Substanzen offerierte, die den Menschen helfen sich wieder zu gesunden und gesund, im Sinne einer hohen Ordnung zu erhalten, die *Sinnlichkeitskosmetik*, die lediglich darauf abzielt, die Sinne zu betören, um imaginär etwas zu sein, was man nicht ist.

Um es klar abzugrenzen: Die funktionale Kosmetik dient der Gesundheit gemäß den Naturgesetzen und damit dem *Selbst-Zweck* des individuellen Wesens! - *ICH BIN DAS ICH BIN*!
Die Prestige Kosmetik hingegen dient als Herrschaftszeichen der Konditionierung, um das Individuum in eine Einheit zu passen. So werden Werte erzeugt, die das Individuum freiwillig zur Folgschaft veranlassen. In dem man etwas Anderes sein möchte, als man ist, dient man nicht mehr dem *Selbst-Zweck,* sondern den wesensfremden Werten anderer.
Übertragen auf die Kosmetik bedeutet das, dass sie nicht der Gesundheit dient, sondern nur dem äußeren Ausdruck einer Rolle, die das Individuum spielt. - Daher nimmt man billigend in Kauf, sich sogar zu *(massiv)* schaden! - *Denkmuster* und *Emotional-Verträge* sind weitere immaterielle Kosmetikzugaben, die man auf keinen Fall unbeachtet lassen darf! -

Bereits in sehr frühen Zeiten bildeten sich diese beiden Pole und nachdem die Möglichkeiten zur damaligen Zeit nur auf Naturressourcen beschränkt waren, hat sich das Angebot in Grenzen gehalten, - es herrschte Mangel und Mangel lockt! - Zudem gab es damals so um 1.000 v.Chr. gerade einmal 50 Mio. Menschen auf der Erde, wohingegen es heute knapp 7 Mrd. Menschen sind, was bedeutet, dass auf jeden damals lebenden Menschen, heute 140 Menschen kommen! -

Die Natur hat ihren guten Grund, warum sie vermehrt Heilstoffe anbietet und betörende Duftstoffe eher zur Rarität macht. Auch wenn der Mensch gerne das bevorzugt, was er nur schwer haben kann, so ist es den Menschen damals noch verwehrt geblieben, die Elemente der Natur derart zu missbrauchen, um das zu erzwingen, was die Natur nicht aus sich selbst gibt.

Zudem steuerte die Autorität der Kirche regulierend auf die *Sinnlichkeitskosmetik* ein, da sie es gar nicht gern sah, dass man dem Körper so viel sinnliche Aufmerksamkeit schenkt, - es galt sogar als Sünde! - Was die *Funktionalkosmetik* betraf, so traf diese bei den *Kirchenvätern* auf Wohlgefallen und man förderte die Kräuterkunde in den Klostergärten zur Herstellung von Ölen, Salben und Cremes, jedoch zur medizinischen Nutzung. Parallel dazu wurde in China und im Orient die Kosmetikherstellung zur Kunstform, geprägt vom *taoistischen* Glauben, nach dem die *Seele der Pflanze* befreit und als Parfum aufbewahrt wird. Über die bekannte *Seidenstarasse*[1], sowie über die *Kreuzzügen*, kamen heilende Kräuter, Pflanzenaus-züge und chinesische Duftstoffe auch nach Europa, die ganz besonders in der *Rokoko Epoche (1730 - 1780)*, zu einem seltsamen Höhepunkt *kosmetischer Kultur* führten.

Man verwendete die Kosmetik als Ersatz für das Körperbad! - Üble Körpergerüche wurden einfach *weg parfümiert* und der kosmetische Nutzen von Salben und Cremes lag eher darauf, zu *übertünchen*, als zu *pflegen*. Ganz nach dem Motto: *Außen Hui - Innen Pfui!* -
Erinnern sie sich daran, denn wir werden uns schon bald mit unserer *Kosmetik-Kultur* beschäftigen.

---

[1] Auf der *Seidenstraße* (115 v. Chr. - 13. n. Chr.) gelangten nicht nur Kaufleute, Gelehrte und Armeen, sondern auch Ideen, Religionen und ganze Kulturen von Ost nach West und umgekehrt.

Die Edlen und Reichen drückten Ihre Noblesse durch eine weiße Gesichtsfarbe aus und verwendeten für das *reinste Weiß*, toxische Färbemittel, wie *Bleiweiß*[2] und nachdem rote Lippen und Wangenknochen ebenfalls sehr edel waren, färbte man nicht nur die Lippen sondern auch die Wangen mit toxischen *Zinnober*. Es hat also Tradition, sich mit Gift zu boykottieren, um nach außen zu wirken, - ein sehr starkes Denkmuster, das über die Kosmetik Tradition etabliert ist und so kommt es, dass ein im Grundsatz naturwidriges Verhalten, als konform und sogar erstrebenswert erachtet wird.

Diese pervertierte Kosmetik-Kultur flaute mit dem ausgehenden 18. Jahrhundert wieder ab, - allzu lange könnte man eine derartige *Pflege* auch nicht überleben! - Dennoch, - nur um eines Trends oder eines Status Willen, war man bereit, sich zu denaturieren und vorsätzlich zu schädigen!

Heute, da wir mehr wissen und mehr können stellt sich die Frage, wie wir damit umgehen? - Was wollen wir von einer Kosmetik wirklich? - Sind wir auch heute noch bereit, uns vorsätzlich zu schaden? - Mit was pflegen wir uns eigentlich heute? - Wie viel von dem was man hat, ist wirklich wichtig und dient der Pflege? - Viele Fragen, die sehr wichtig sind, um ein Leben in guter Lebens*qualität* leben zu können. - Die Geschichte zeigt, dass Kosmetik immer schon ein wichtiger Bestandteil der mensch-lichen Kultur war und ist, denn die Pflege des Leibes, Innen wie Außen, ist Ausdruck von Selbst-achtung, Selbsterkenntnis und Selbsterfahrung sowie ein Akt der Eigenliebe, den man an sich selbst verübt. Wie steht es wohl um die Eigenliebe, wenn man sich mit Gift pflegt? - Damals gab es noch keine meinungsbildenden Medien in dem Maße, wie sie heute die Köpfe der Beobachter verdrehen, aber es gab die Reichen und Mächtigen, die allen die Bürde

---

[2] **Bleiweiß** ist lichtbeständig, hat eine sehr hohe Deckkraft und abhängig vom Bindemittel einen schönen Glanz. Durch den Bleigehalt ist es sehr giftig

des sich Vergiftens auferlegten, die sich ebenfalls reich und mächtig fühlen wollten; - darin spiegelt sich der Geist und die Kultur der *Sinnlichkeitskosmetik*, die wegführt von sich selbst! *Funktionalkosmetik* hingegen fördert den Fokus auf sich selbst, da man erkennen muss, was der Leib benötigt und sie fördert den individuellen Selbstausdruck, der sich durch eine gesunde Haut und Vitalität ausdrückt und nicht in wohlriechender, farbenfroher Fassade. Beide Formen der Kosmetik haben daher **sehr** unterschiedliche *Qualitäts*-Aspekte.

Das zugrundeliegende Denkmuster spielt eine große Rolle dabei, um zu verstehen, was die antreibenden Kräfte der Entscheidungen sind, aus denen der Status Quo hervorgeht. Längst geht es nicht mehr alleine um Kosmetik, sondern um die Auswirkungen, die u.a. aus der Kosmetik für Mensch und Umwelt entstehen. Es gibt heute mehr als 80.000 Kosmetik-Produkte auf dem Markt, die mehr als 7.000 Stoffe enthalten unter denen mehr als 4.000 Stoffe als biologisch bedenklich, um nicht zu sagen, toxisch gelten! -

Gebrauchsgüter des täglichen Nutzens, wie Kosmetik, Spül-, Wasch- oder Reinigungsmittel, usw. enthalten toxische Stoffe die sie freisetzen, wodurch eine zu Beginn unmerkliche mikrobielle Verschiebung in der Biosphäre entsteht.

Die dort regulierenden biologischen Systeme, die an die Luft-, Wasser- und Stoffkreisläufe der Erde gebunden sind, stellen den Betrieb ein, da toxische Stoffe nun ihre Funktion übernommen haben. Und um sich weithin steril rein und schön zu fühlen, muss man nun täglich die Toxizität des Organismus erneuern. Mit der Zeit kommen neue Anforderungen auf die Kosmetik zu und so benötigt man heute eine Pflege, welche die Mechanismen der dermalen Selbstorganisation wieder aktiviert und die dabei hilft, das gesamte System Haut wieder in eine naturrichtige Bewegung zu bringen! -

STATUS QUO: SUB-OPTIMAL

Unsere moderne Art, *falsch* zu leben, hat uns in den Zustand einer *sub-optimalen* Ernährung und Lebensführung verbracht! Das bedeutet, dass der Mensch als „*biologisches-System*" in einem Umfeld lebt, das nur noch Teile des Systems anspricht! <u>Die Folge:</u> Krankheit als ein Zeichen von Unordnung, Chaos oder ganz einfach, die Unfähigkeit des biologischen *Systems*, sich selbst wieder ins Gleichgewicht zu bringen.

Anfang der 90-er Jahre erkannte man die Notwendigkeit, dem Organismus durch gezielte Nährstoffzufuhr zu unterstützen und über viele Jahre hat sich ein milliardenschwerer Markt daraus entwickelt, doch verändert hat sich leider gar nichts! - So stellt sich die Frage, - ist es wirklich das in den Nahrungsergänzungsmitteln ausgelobte Nährstoffangebot, was das menschliche System benötigt? – Die Wahrheit, nach neuesten ernährungswissenschaftlichen Kenntnissen aber ist, dass es nicht die offerierten Nährstoffe in Form von Vitaminen, Mineralen und Spurenelementen sind, welche der Körper so dringend braucht, wie man glauben machen möchte! –
Es fehlt dem Körper an *Qualität* auf nahezu allen Ebenen und so kann ein sub-optimaler Zustand keine stabile Ordnung erzeugen. - Die Anforderung daraus ist, sich mit *Qualität* zu versorgen! - Das ist eine große Aufgabe und sie ist existenziell notwendig, denn eine *sub-optimale Lebenslage,* wie sie weltweit vorliegt, ist die größte Gefahr für die weitere Existenz der *Spezies Mensch.* Seit etwa **2,4 Mio.** Jahren diente die Nahrung der menschlichen Evolution.
Erst ernährte man sich aus den vorhandenen Ressourcen, dann erfolgte vor etwa **10.000 Jahren** der organisierte Ackerbau und die Menschen konnten weiter der Evolution folgen. Nun, nach *drei Generationen* ökonomischem Ackerbau muss die Evolution dem Überleben des Organismus weichen

und es ist fraglich, ob die Menschheit auf diesem Status Quo des Ernährungsstandes, noch weitere Generationen hervorbringen kann.

Der UN Sonderberichterstatter *Jean Ziegler (2000 - 2008)* berichtet davon, dass die *Mangelnahrung* nicht auf die sog. *3. Länder* beschränkt ist, - dort verhungern die Menschen am *leeren Tisch*! – Genauso kritisch ist die Lage jedoch auch in den reichen Industrienationen, wo sich die jährlichen Kosten aufgrund von Mangelnahrung auf Sage und Schreibe **120 Milliarden**[3] Euro belaufen, - die Menschen verhungern hier am *gedeckten Tisch*! – Die damals amtierende deutsche Gesundheitsministerin *Renate Künast* sprach vor laufender Kamera sogar davon, *dass wir wahrscheinlich die erste Generation sind, die ihre Kinder überlebt*! – Die offiziell postulierte *Mangelnahrung* entspricht dem, was Biochemiker unter „*sub-optimaler*" Ernährungslage verstehen und obwohl die Katze nun aus dem Sack ist, passiert **NICHTS**, um diesen existenziell brisanten Zustand zu verändern! -

Der heutige Status Quo ist die Wirkung auf zurückliegende Ursachen, zu denen eine falsche Ernährungs- und Pflegedoktrin genauso zählt, wie auch der achtlose Umgang mit Böden und den Lebensmitteln, die daraus hervorgehen.
Mit Nahrungsergänzung und Kosmetik, die reich an Konservierungsstoffen, Stabilisatoren, Aromen und weiteren Hilfsstoffen sind, wobei wirkaktive Stoffe meist aus der Synthese *genmanipulierter Mikroorganismen* gezüchtet werden, versucht man etwas zu verändern. –
Was es aber wirklich braucht, ist hochwertige Nahrung, die aus gesunden Böden entsteht! – Es ist nicht die Quantität, sondern die *Qualität*, auf die man sein Augenmerk richten

---

[3] http://www.eufic.org/article/de/artid/Es-ist-an-der-Zeit-Mangelernaehrung-Europa-anzuerkennen/

muss, wobei es durchaus wichtige und dringend benötigte Nahrungsergänzungen gibt, die dem Bedürfnis entsprungen sind, die *Qualitätsstofflücken* zu schließen. Sie sind eine wichtige „Krücke", um *Qualitätsstofflöcher* zu stopfen, - kurzfristig! – Diese, aus der Vielfalt des Angebots heraus zu erkennen, ist ein großes Kunststück, womit der Laie meist überfordert ist. Ebenso verhält es sich auch mit der Kosmetik, denn sie ist im Grunde auch nichts Anderes, nur, dass die Nährstoffe nicht *oral*, sondern *dermal* einverleibt werden.

Das Ziel muss somit darin liegen, langfristig eine Umgebung zu erschaffen, aus der wieder *Qualitätsstoffe*, so wie die Natur sie aus sich selbst hervorbringt, entstehen können.

Und auch der Mensch muss wieder dazu übergehen, dem *Qualitätsstoff* mehr Aufmerksamkeit zu schenken, als dem *Genussstoff*. Ein eigentlich einfaches Motto, das aber den Konflikt mit sich bringt sich entscheiden zu müssen, ob man das *Falsche* weiterhin *richtig*machen will, oder ob man bereit ist, das *Falsche* zu tun, um das *Richtige* zu erreichen? -

Mit diesem Buch möchte ich gerne Impulse geben, - hin zur *Qualität*, - zu mehr Ordnung und *naturrichtiger* Bewegung, wie **Viktor Schauberger** sagen würde.

Es soll dem Menschen guten Willens ein Ratgeber sein, wie er sich optimal auf dem Pfad seiner Gesundheit bewegt und es soll ihm helfen, *Wichtiges* von *Unwichtigem* zu unterscheiden. Es soll kausale Bewegungen in den Fokus bringen, - nicht qualitätsarme Produkte inkl. aller hohlen Versprechungen, die meist ohne eigene Kompetenz gutgläubigen Käufern gemacht werden, - nicht „BIO", das von denen zertifiziert ist, welche uns durch Behördenvorschriften schon Jahrzehnte lang die *Qualitätsstoffe* aus der Nahrung gestohlen haben, sondern *Qualitätsstoff*, - geerntet aus der intakten Natur. Nur hier bewegen wir uns auf einer monokausalen Ebene, die nachhaltige Veränderungen zum Wohle des Lebens hervorbringt, denn steigt der *Qualitätsstoffanspruch*, so müssen auch die

Naturkreisläufe, denen ja die *Qualitätsstoffe* entspringen, gefördert werden. - Sie können nur das geben, was sie haben und wenn man den Böden gibt was sie brauchen, so erhält auch der Mensch das, was er benötigt! - Nehmen und Geben in Harmonie zu bringen bedeutet, *Qualität* zu erzeugen! - *Qualität* ist ein dynamischer Wert, der ein Baustein der narzisstischen Ur-Bewegung des Universums ist, das sich zwanghaft verbessern will und da es sich nach *Qualität* ausgerichtet bewegt, kann stets auch nur *Qualität* daraus hervorgehen.

Wenn man sich diesem Thema widmet, so wird man erschreckt feststellen, wie wenig *Qualitätsstoff* es gibt, wie selten *Qualitätsstoffquellen* sind und wie viel Lug und Trug existiert, um diese Tatsache zu verschleiern, um weiter vorsätzlich eine *Qualität* auszuloben, die es real nicht gibt!

Dies ist das erste Buch einer Reihe von noch folgenden Büchern zu *Qualitätsstoffen* und so möchte ich mit einer ganz speziellen Kosmetik beginnen, die eine **Weltneuheit** ist und die erstmals, nur auf monokausale **Be-Wirkung** ausgerichtet ist. In den weiteren Büchern werde ich verstärkt auf sinnvolle Interventionen und *Qualitätsstoff*-Produkte eingehen.
Die Entgiftung des Organismus steht dabei an erster Stelle! - Dabei geht es nicht direkt um die Nahrung, die wir uns über den Mund zuführen, sondern um die Nahrung, die wir uns über die Haut zuführen! - Ich zeige Ihnen auf, welche Gifte in dieser *Haut-Nahrung* enthalten sind, die es von nun an zwingend zu meiden gilt. - Entgiftungs- und Entschlackungsmaßnahmen werden sonst zum ständigen Lebensbegleiter, anstatt dass es eine temporär notwendige Maßnahme wäre, die einen pro-vitalen *Status Quo* erzeugt, auf dem man aufbaut, um wieder Teil der Evolution zu werden und nicht, um im Überlebenskampf das Leben zu *verleben*! - Denken sie

einmal darüber nach, wie viel Zeit und Geld sie in dieses Thema investieren! - Was eigentlich selbstverständlich wäre wenn die Grundlage stimmen würde, ist heute ein gigantischer Markt, der keine Besserung bringt, dafür aber wertvolle individuelle Ressourcen kostet, die bei der Entfaltung des eigenen *Seins-Zweckes* fehlen; - das sollte man ändern! - Im offenkundig trivialen Thema *Kosmetik* bewegen wir uns auf einer kausalen Funktions-Ebene, die im großen Maße verantwortlich dafür ist, welche *Qualität* der Gesundheitsstatus hat! - Die Haut als Organ ist zwar vielen Menschen bekannt, doch scheint man die Funktion der Haut im Gewebe des Ganzen, in Art und Wirkung noch nicht wirklich zu verstehen. Das jedoch wäre erforderlich, wollte man die Wahrheit im Ursache <--> Wirkverlauf erkennen. Darin zeigen sich auch die Ansätze, aus denen heraus man zu Veränderungen gelangt die aus der Ursachen-Ebene hervorgehen und nicht aus dem Wirk-Verlauf einer gesetzten Ursache.

Wir versuchen die nichtssagende Oberfläche von Produkten zu durchdringen, um das Innere kennen zu lernen. *Qualität* zu erschaffen bedeutet, die vielen Teile des Ganzen zu *bewirken* damit sie als Ganzes dann *Qualität er-wirken*. Damit man der kosmischen Ur-Bewegung folgen kann, muss man sich innerlich ebenfalls auf *Qualität* ausrichten und ein immer feineres Gespür dafür entwickeln, was weg führt von egobehafteten Sinneszwängen und hin zum Dienste am Leben.

Der bestehende *Status Quo* soll durchleuchtet werden, damit deutlich wird, wie wichtig eine Veränderung ist, wenn die Menschheit überleben will! -
Keine Panikmache, sondern knallharte Fakten, die aber meist unbekannt sind oder inzwischen als *akzeptiert* gelten, ohne jedoch zu wissen, wie sich dieses Unwissen auswirkt.

Die Art und Weise wie wir heute leben, fördert all das, was uns immer mehr Probleme macht, wobei kein Mensch bewusst wissentlich gegen sich und das Leben handeln würde; - die meisten Menschen wissen es nicht besser, was aber am Ergebnis nichts ändert. Es bringt daher nichts, die Missstände zu monieren, - man braucht Lösungen und auch diese sollen hier nicht zu kurz kommen.

Dies ist notwendig, denn die kapitalistischen Systeme haben ein restriktives behördliches Gesetzes-Werk erschaffen, das nicht den Menschen dient! - Vielmehr dient es der *Magnat-Industrie* als Mittel, um den Wettbewerb zu kontrollieren. Kleinunternehmen, die noch *Qualitätsstoff* herstellen, werden von den Zulassungsvorschriften zerstört und Eigeninitiative sowie Eigenverantwortung wird *geächtet*. -
Eine den meisten Menschen unbekannte Vielzahl an *Qualitätsstoffen* aus der Volksanwendung anderer Kulturen schaffen es nicht, am Zoll vorbei zu kommen und das obwohl sie unbedenklich und hoch effizient sind. Die Interessen der Großindustrie, werden **über** die Interessen einer artgerechten und selbstverantwortlichen Lebensweise im Einklang mit der Natur gestellt! -

Das Leben von Mensch und Natur wird über das Handelsrecht bestimmt, indem wirtschaftliche Ökonomie die Lebens- und *Qualitäts*-Faktoren vorgibt. Völlig artwidrig und fernab der dem Leben zugrundeliegenden Naturgesetze, findet die Bewertung und Bewilligung für toxische und natursystemfeindliche Stoffe statt, aus denen man die *Qualität* erzeugt, die heute der *Qualitätsstandard* ist. Eine *Qualitätsbewertung* nach naturkonformen Parametern scheint es wohl mangels Nachfrage nicht zu geben, was jedoch zwingend notwendig wäre, um die verlorene *Qualität* wieder zu finden.

SENSO CHECK®

Hans Rausch, hat als Biochemiker und Biologe den **Senso Check®** entwickelt, der auf *Qualitätsstoff*-Parameter geeicht werden kann! – Der **Senso Check®** ist ein *Qualitätsfilter* und damit eine *Qualitätsstoff* Garantie für Menschen, die danach suchen. - Für den **Senso Check®** bedarf es bestimmter Grundvoraussetzungen, die einen *Qualitätsschwindel* erst gar nicht zulassen! - Die Auseinandersetzung mit *Qualitätsstoff* findet hier am intensivsten statt. - Der **Senso Check®** ist das stabile Fundament, auf dem man echte Qualität errichten kann. Dem Verfahren liegen klare Attribute zur *Qualitätsstoffbewertung* zugrunde:

- **Naturkonformität** - alles ist reine Natur ohne Zugaben oder Veränderungen und kommt aus der intakten Natur unter biologisch-dynamischen Aspekten.
- **Giftfreiheit** - selbsterklärend.
- **Nachhaltigkeit** - Anbau, Abbau, Verarbeitung und Handling schaden weder Mensch noch Natur, - bewahren und fördern den Weiterbestand und die Vielfalt.
- **Sinnhaftigkeit** - belegt, dass der Zweck gegeben ist und dass es sinnvoll im Sinne naturkonformer *Qualitäts*stoffumsetzung ist.
- **Qualitätsstoff-Bestimmung** - objektive Qualitätsstoffbestimmung von Produkten mit geeigneten Messverfahren.

Es wird einfach sein, da es im Grunde nicht viel mehr Vorgaben gibt, als die aufgeführten. Die *Giftfreiheit* ist dabei noch von größter Bedeutung, denn die Einbringung von Gift in die Stoff-, Luft- und Wasser-Kreisläufe macht auch nicht vor biologisch-dynamischen Anbau Halt! - Beim Testat geht es nicht um Schelte, Aufdeckung oder darum zu verurteilen, - es geht um Klarheit und wenn Gifte in den Böden sind, welche sich in der Pflanze wiederfinden, dann findet man einen Weg, die Böden zu entgiften. - So geht konstruktive Zusammenarbeit! - Und Böden entgiften ist leichteste Übung, - ich bin jetzt kein *wirklicher* Experte, doch ich könnte alleine aus meinem Portfolio mit 4 - 5 bewährten Lösungen dienen! -

Der **Senso Check®** ist ein einfaches aber klares Verfahren, das hilft, nicht nur *Qualitätsstoff* zu bewerten. - Er hilft dabei *Qualitätsstoff* wiederherzustellen, *Qualitätsdefizite* zu finden um *Qualitätslösungen* daraus zu erzeugen. Eines aber ist sicher, - Dinge, die von den Behörden zugelassen und im Warenangebot sind, würden niemals den Anforderungen des **Senso Check®** entsprechen, - die *Qualitätsparameter* liegen einfach zu weit auseinander! –

Die Aufmerksamkeit ist das wertvollste Geschenk, was ein Mensch einem anderen geben kann und so sollte man sehr achtsam damit umgehen. Dieser Aufmerksamkeit darf man nur Wahrheit und Wahrhaftigkeit geben und man erntet daraus Engagement in *freier Intention* für eine Sache, die größer ist, als wir und unsere eigenen Bedürfnisse.

Die geschenkte Aufmerksamkeit stellt gleichzeitig aber auch eine Verpflichtung gegenüber demjenigen auf, dem sie geschenkt ist, denn ihm obliegt es dadurch, diese Aufmerksamkeit auf einen Brennpunkt zu richten, der für denjenigen, der die Aufmerksamkeit geschenkt hat, zu leben beginnt.
Da ich mir dieser Verantwortung voll bewusst bin, habe ich beschlossen, das **Qualitätsstoffbewusstsein** in den Fokus der Aufmerksamkeit zu bringen, sowie Perspektiven, die Hoffnung auf etwas machen, von dem man noch gar nicht weiß, wie sehr man es vermisst, weil man es einfach vergessen hat.

Nahezu alles besteht aus leeren Worthülsen und Halbwahrheiten unbekannter Güte und so ist es wichtig auf dem Weg zur verlorenen Fülle, eine „Qualitätsstoff-Firewall" wie den **Senso Check®** zu haben. Insbesondere, weil die Worthülse „Qualität" derart missbraucht wurde, wollte ich dieses inzwischen nichtssagende Wort nicht mehr verwenden und habe daher im direkten Qualitäts-Konsens das Wort durch Viktor Schaubergers „Qualitätsstoff" getauscht.

Qualitätsstoff ist die Quintessenz aller Dinge und das ist keine esoterische Mutmaßung, sondern ein quantenmechanischer Effekt, der sich in Synchronizität ausdrückt.

Insbesondere auf die Haut bezogen, ist es von sehr großer Bedeutung für die allgemeine Gesundheit des Menschen, dass das größte Organ des Körpers als funktionales, biologisches System erkannt wird, das wichtige Funktionen in der Gesamtwirkung (Homöostase) hat. Der **Senso Check®** ist leider eine notwendige Maßnahme, da die Gesetzgebung dem nicht Rechnung trägt! - Hans Rausch sagt immer so schön, dass er sich nur das auf die Haut schmiert, was er auch essen würde, denn die Haut isst mit. Sie hat vielleicht andere Wege die Nahrung aufzunehmen, jedoch gehört die Nahrungsaufnahme auch zu einer der vielfältigen Aufgaben der Haut und so ist es nicht nachzuvollziehen, dass in Kosmetika all das enthalten sein darf, was in Lebensmitteln verboten ist, weil es den Organismus schädigt! -

Etwas später im Verlauf des Buches, setzten wir uns intensiver mit den zugesetzten Kosmetikstoffen auseinander, die man sich (noch) unbedacht einfach so jeden Tag auf die Haut schmiert, ohne die Folgen zu bedenken! - Gesetzte Ursachen führen immer zu einer Wirkung, - ob die Ursache

bewusst oder unbewusst gesetzt wurde, ist der Wirkung jedoch egal!
Die Aussage, die in dieser Form vermittelt werden soll, ist auch als Aufforderung zu verstehen, etwas bewusst zu verändern und damit man nicht wieder auf unsicheren Boden zu einer Entscheidung genötigt wird, ist ein *Rettungsring* erforderlich, der nicht untergeht, wenn man sich daran klammert. - Unser Rettungsring in Bezug auf *Qualitätsstoff-Kosmetik*, ist der **Senso Check®**.

Obwohl bekannt ist, dass die Stoffe in der Kosmetik toxisch sind, werden sie durch Behördenverordnung per Definition *entgiftet* und verharmlost. Viele Fehler werden gemacht, die man nicht beheben will, weil die Industrie zum Wohle ihrer Gewinne dies nicht zulässt! - So gibt es zwar Testverfahren, welche die *Qualität* bewerten könnten, wie z.B. das elektrochemische Messverfahren nach *Prof. Dr. Hoffmann*, das über den REDOX-WERT die Lebendigkeit ausdrückt oder die Bio-Photonen Messungen, die ebenfalls eine Aussage zur *Qualität* zulassen würden. Warum sollte man jedoch solche Verfahren nutzen, wenn von vornherein ausgeschlossen wird, dass man *Qualitätsstoffe* verwendet? - Da ist das rein chemische Messverfahren schon sehr viel komfortabler für die Industrie und Behörden, denn es sagt gar nichts über die *Qualität* aus, - es stellt lediglich das Vorhandensein von chemischen Elementen fest! - Zudem werden auch nur die Elemente ausgegeben, nach denen gesucht wird, wobei diese in ihrer *Qualität* nicht näher spezifiziert sind! -

Wie man mit Gift umgeht, das soll der normale Verfahrensweg zur Definition *unkritischer Giftmengen* verdeutlichen.
In früheren Zeiten hat man zur toxikologischen Bestimmung Versuchstiere verwendet, - nicht sehr ethisch aber notwendig, wenn man Gift legal zulassen will! - Damals

konnte man noch die Wirkung am Ergebnis des komplexen Organismus sehen.

Heute sind Tierversuche verboten *(Gifte aber nicht!)* und man bewertet die toxikologische Wirkung anhand von *Inselzellen*. Diesen verabreicht man so viel Gift, bis sie daran sterben, was man den *Letalen Faktor* nennt. Jetzt verdünnt man den toxischen Stoffgehalt so weit, bis die Zelle keine Reaktion mehr zeigt, was dann die *Unbedenkliche Menge* darstellt.

Die wird jetzt noch einmal um den Faktor 10 verdünnt und was man nun erhält, das ist die *Unkritische Konzentration*.

Jetzt ist das Gift auf einmal nicht mehr giftig!? - Die Homöopathie zeigt doch, dass auch ausgedünnte Substanzen eine Wirkung haben, allerdings auf einer anderen Ebene! -

Hört sich unstimmig an, doch wie wird das nun umgesetzt? -

Zum einen macht man schon einmal einen grob fahrlässigen Fehler indem man das Ergebnis einer einzelnen Zelle, auf ein hoch komplexes System, 1:1 übertragen, anwendet.

Man muss wissen, dass man heute nicht mehr *einen* Giftstoff in hoher, wirksamer, Konzentration verwendet, der leicht an die kritische Konzentration kommen und damit für Diskussion sorgen kann. Heute werden Gifte versprüht, die sich aus 20 - 40 verschiedenen Toxinen zusammensetzen, von denen jedes einzelne aber in einer *Unkritischen Konzentration* vorhanden ist, jedoch unterlässt man es, die Menge aller *Unkritischen Konzentrationen* zu bestimmen und selbst wenn man diese hätte, so wüsste man nicht, wie dieses Gemisch an *Unkritischen Giften* in Summe wirken würde! - Damit wird eine unbekannte toxische Wirkung, die sich hinter lauter untoxischen Giften verbirgt, billigend in Kauf genommen, was auch noch eine besondere Schwere aufweist, da nach diesem, nennen wir es einmal Etikettenschwindel, hauptsächlich Bio-Produkte bewertet werden! -

Soweit ein kleiner Einblick in die Behördenküche zum Thema Gift, um zu erkennen, dass man sich von dort nicht allzu viel erwarten darf, - am allerwenigsten *Qualität!* -

Wir werden sehen, wie wichtig die Haut für eine stabile Gesundheit ist und wie wenig förderlich es ist, sie mit dem zu pflegen, was man zur Verfügung stellt. Den Verlust, bzw. das vorsätzliche meiden von *Qualitätsstoffen,* kaschiert man durch sinnliche Werbung, mit der man den Menschen so in den Bann eines Schönheitsideals zieht, so dass die objektive Zweckbetrachtung zugunsten der „*Rosaroten-Brille*" ausgeblendet wird. Man sieht wunderschöne Models mit samtig geschmeidiger Haut, - wenig Kleidung, insbesondere an den Stellen, die bei den meisten problematisch sind, wie z.B. Hüft-/Po-Bereich, Gesicht, Hände oder Bauch und man bindet das Ganze ein, in mystisch-anmutende audiovisuelle Klangfelder, - wenig Worte - intensive Bilder und die versteckte Aufforderung des Models an den Zuschauer, es ihm gleich zu machen, damit man auch so schön aussieht. - Das funktioniert so lange es Kosmetik gibt! - Dass die *Models* nur in den seltensten Fällen auch die Kosmetik verwenden, für die sie Werbung machen, steht auf einem anderen Blatt, das von den *faszinierten* Beobachtern jedoch nicht gelesen wird. Sinnliche Werbung erzeugt *Faszination,* der man sich leidenschaftlich hingibt; - Faszination stammt vom lateinischen Wort *fascinatio* ab, das für die Bedeutung von *Ver-,* bzw. *Behexung* oder *Verzauberung* steht. -

Beobachten sie einfach einmal die Werbung unter diesen Aspekt und sie werden merken, wie stark die Faszination ist, welche diese vermittelt, - fragen sie sich, was ihnen die Werbung nun für Informationen vermittelt hat! - Ein Wunderstoff, der sie sofort wieder jünger macht? - Hmm, und was erfährt man über die biologische Konformität und

Langzeitwirkung? - Eine Vorzeigefrau oder Mann, der/die alles verkörpert was man selbst sein will, z.B. ein straffer Po oder speckfreier Bauch oder ein junges Gesicht; - glauben sie wirklich, dass ein Stoff etwas bewirken kann, das nur sie in Form von Bewegung erwirken können und wenn ja, warum glauben sie das? - Wie soll man einen straffen Po bekommen, wenn man darauf sitzt während man sich in der Klotze den perfekten Po eines Models ansieht, das jeden Tag ins Training geht? - Die Früchte des Trainings zahlen sich aus, wenn man sie dann gekonnt abbildet und mit fremden Inhalten belegt. Auf einmal ist es nicht mehr das Training, sondern die Creme, die einen straffen Po bewirkt! -

Ein anderer Aspekt, welcher die Wichtigkeit des **Senso Check®** zur objektiven Kausalitätsbetrachtung hervorhebt, ist die *Wissenschafts-Prostitution*. - Einerseits spricht man die Menschen mit der *Faszination* auf der sinnlichen Ebene an, andererseits spricht man sie auch auf der rein *rationalen* Ebene an, indem man Wissenschaftler vor den Karren spannt, die z.B. einen Wirkstoff aus dem Kosmetikum als subjektiv ausgelobten *Alleskönner* bezeichnen! - Da werden Grafiken eingeblendet, unspezifiziert und meist aus dem Kontext des Gesamten gerissen, - ein paar oberflächliche Aussagen zum Wirkcharakter eines *(Wunder-)*Stoffes der als Verkaufspropaganda dient, mit sprechenden Köpfen, denen man einen Prof., Dr. oder andere klangvolle Titel aufprägt, um den Menschen damit zu sagen: *„Glaubt meiner Kompetenz, auch wenn ihr das nicht versteht, - bitte nicht selbst denken, - dafür bin ich doch da, - kauft und glaubt weiter, was ich euch sage!"*
...... und es funktioniert! - Immer noch gilt toxisches Fluor als das Mittel zum Schutz der Zähne, obwohl objektive Wissenschaftsforschungen dagegensprechen! -
Unwahre Propaganda **vs.** *Wahrheit* - beurteilen sie selbst, wer der Sieger daraus ist! -

Der *Senso Check®* ist ein objektives Bewertungsverfahren das sich nicht in der Einzelbetrachtung von Wirkstoffen verliert, sondern die *Summe der Teile* als Ganzes bewertet! - Ein Team ist nur so gut, wie all seine Einzelteile das Ganzen *be-wirken*! Was der Einzelne kann mag interessant sein, doch ist er in die Wirkung des Ganzen eingebunden und wenn die anderen Mitspieler ihn nicht unterstützen oder keine gemeinsame Ausrichtung haben, dann bringt das ganze individuelle Potenzial des Einzelnen nur sehr wenig! - Denken sie an das Boxen-Team bei der Formel I. Sie sind aufeinander eingespielt, jeder Handgriff sitzt und so tragen sie als Team zum Erfolg als Ganzes bei. Stellen sie sich nun vor, dass man in dieses Team nun einen international renommierten 4-Sterne Koch sowie einen erfolgreichen Finanzmakler, anstatt zweier Mechaniker einbringt, weil man den Koch braucht, den Sieg zu feiern, wohingegen der Finanzmakler die fetten Prämien gewinnbringend anlegen soll. - Bis dahin müssen sie aber den *Schraubenschlüssel* schwingen, auch wenn sie keine Ahnung davon haben. - Es wird schwer sein, in einer solchen Konstellation einen Sieg zu erreichen. Die zugrundeliegende subjektive Logik wird sich nicht real umsetzen lassen.
Der *Senso Check®* wird dies ausgeben, wohingegen man als Usus weiterhin die Vorzüge des 4-Sterne Kochs verkauft, ohne dabei jedoch Bezug darauf zu nehmen, wie er mit dem Schraubenschlüssel umgehen kann.

Es ist ein Grenzbereich, der die Subjektivität zur Objektivität überführt und es ist schwer für einen Laien, das *EINE* vom *ANDEREN* unterscheiden zu können, da ja seine gesamte Denkweise so ausgerichtet wurde. Wenn man sich also künftig vor den negativen Folgen derart zweckbezogener, subjektiver Wahrheiten *(Zweck-Lüge)* schützen möchte, dann benötigt man ein objektives Testverfahren, das den 4-Sterne

Koch hinter den Herd und Top-Mechaniker ins Boxen-Team bringt.
Klingt alles logisch und einleuchtend, - oder? - Warum im Gottes Namen wird es dann nicht so umgesetzt? - Hans Rausch hat den **Senso Check®** zur *Qualitätsstoffbestimmung* bereits vor vielen Jahren als geschütztes Bestimmungsverfahren schützen lassen und man kann seitdem die Güte auf eine objektive Art bestimmen lassen. - Man sollte meinen, dass für eine Industrie, die das Wort *Qualität* permanent als Grundlage ihres Schaffens anführt, doch Bedarf für eine objektive Verifizierung ihrer *Qualität* besteht? - Anscheinend nicht, denn der **Senso Check®** fand bislang keine Beachtung und kam noch nie zu Anwendung! -

Erstmals kommt der **Senso Check®** nun bei der **Only One®** Autoregulativ-Kosmetik zum Einsatz. - Im Nachfolgendem wird noch deutlicher erkennbar, wie wichtig eine ehrliche, objektive *Qualitätsstoff-Bewertung* ist. - Es wird aber auch deutlich, dass es zu persönlichen Veränderungen kommen muss, wenn man sich auf *Qualitätsstoff* ausrichtet und nicht auf die Faszination der Sinnlichkeit, die nur selten hält, was sie verspricht. Die Ausrichtung auf *Qualitätsstoff* gemäß der **Senso Check®** - Bewertung bedeutet aber nicht den völligen Verzicht auf Sinnlichkeit! - *Sinnlichkeit* der *Qualitätsstoff* zugrunde liegt, führt zu einer SEINSERFAHRUNG, die aus einer optimalen Funktionalität *(Vitalität)* hervorgeht.

Hierzu noch einmal der Formel I Vergleich. Solange der 4-Sterne Koch und der Finanzexperte im Mechaniker Team sind, wird ein Sieg nicht möglich sein. Jedoch lockt man die Fans mit dem *Charisma* des 4-Sterne Kochs und des Finanzexperten immer wieder zum Rennen und die Fans gewöhnen sich daran, dass sie keinen Sieg feiern, - es reicht ihnen inzwischen völlig aus, wenn sie ihre *Idole* dort wiedersehen. - Ein Sieg wäre eine feine Zugabe doch der Hauptzweck wird zur Nebensache zugunsten einer Nebensache die den Hauptzweck aus objektiver Zweckbetrachtung *ad absurdum* führt. Schenkt man jedoch der objektiven Zweckbetrachtung seine Aufmerksamkeit, dann ersetzt man die beiden charismatischen jedoch untauglichen Sympathieträger durch qualifizierte, aber vielleicht weniger charismatische Mechaniker. Zwar rückt der eigentliche Zweck nun in den Vordergrund, jedoch bleibt meist ein Sieg recht farblos, weil man sich so sehr nach den Sympathieträgern sehnt. - An die *süße Lüge* gewöhnt man sich schnell, wenn sie unbewusste Bedürfnisse anspricht und damit Sehnsüchte entstehen lässt, die dem Beobachter eine *Rosarote-Brille* aufsetzen und sein Denken in eine sinnliche Endlosschleife führen, die, wenn sie oft genug durchlaufen wurde, zum Automatismus und am Ende zur Gewohnheit wird. - Man darf daher nicht allzu oberflächlich an das Thema *Qualitätsstoff* und objektive Zweckbetrachtung herangehen, da eine Gewohnheit nichts Anderes ist, als eine Sucht, - eine *rational-emotional* durchdrungene Endlosschleife, in der man *fasziniert (verhext)* den Bezug zur Objektivität gemäß den Naturgesetzen verliert.

Natürlich sollte die objektive Zweckbetrachtung des noch Folgenden dazu führen, dass man es in Zukunft unterlässt, sich vorsätzlich selbst zu schaden, doch beurteilen sie an sich selbst, was ihnen dabei im Wege steht. Im nächsten Kapitel werde ich auf das Organ Haut eingehen, damit man ein grundlegendes Verständnis für das biologische System *Haut* entwickeln kann, woraus sich selbsterklärend der *Qualitätsstoffanspruch* aus der objektiven Zweckbetrachtung ergibt.

Nur der objektiv,
vernünftig denkende Mensch
ist das Maß der Dinge.
Sokrates

Biologisches System: Haut

Man möchte es vielleicht nicht glauben, aber die Haut ist das vielseitigste Organ eines Säugetiers, insbesondere eines so hoch komplexen *biologischen Systems* wie der Mensch, da sich die Vielseitigkeit der Haut auf ihre Funktionalität bezieht. Sie ist ein Grenzorgan mit einer Grenzfläche, über welches das Innere und Äußere System miteinander wechselwirken. Sie dient dem Inneren als Filtersystem, das Schutz vor Intoxikation von außen bietet, andererseits aus dem Inneren abgehende Toxine nach außen verfrachtet. Die Haut begrenzt den gesamten inneren Bereich der *Homöostase*[4], - über die Nerven in Ihr, können wir tasten und fühlen *(nervale Reize)* und durch die vielen kleinen Adern die sie durchströmen, regelt sie neben dem Stofftausch auch den Wärmehaushalt, -
ihr *mikrobielles Milieu* dient als Immunfaktor, Schadstoff-Entsorger und Nahrungslieferant. Über bio-/photochemische Reaktionen zerlegen und/oder katalysieren die angesiedelten Mikroben, Stoff und Licht und liefern somit Nährstoffe, die über weitere Abbauwege ins Innere System gelangen. Die Haut ist das Zentrum wichtiger Stoffwechselprozesse und ein bestimmender Faktor der Immunologie. Immerhin wird über sie entsorgt, was dem Organismus schadet. Das intakte mikrobielle Milieu passt die Hautoberfläche den sich ständig ändernden äußeren Bedingungen an. Durch seine aus der Veränderung entstandenen Produkte, verändert es das Stoffangebot, das nach Innen gelangt, wodurch sich das Innere dem Äußeren anpassen kann, um es ganz einfach in der Wirkung zu benennen. Die Anpassung bezieht sich auch auf die Strahlenbelastung. Wird z.B. zu viel *Vitamin D* wegen

---

[4] **Homöostase** (griech. homoiostásis *Gleichstand*) bezeichnet die Aufrechterhaltung eines Gleichgewichtszustandes eines offenen dynamischen Systems durch einen internen regelnden Prozess. Sie ist damit ein Spezialfall der Selbstregulation von Systemen. *Quelle: wikipedia.org*

eines ausgiebigen Sonnenaufenthaltes produziert, so initiiert die mikrobielle Überproduktion als Zeichen verstärkter Strahlung einen Schutzmechanismus in der Haut, indem sie *Melanin*[5] ausschüttet, was die Haut dunkel macht.
Derartige Strahlenschutz-Mechanismen sind natürlich nicht nur auf das *UV Licht Spektrum*[6] ausgerichtet, - dort kann man sie nur am deutlichsten wahrnehmen. Da der Mensch quantenphysikalisch gesehen *Wasser auf zwei Beinen* ist, - immerhin besteht er zu knapp 95% aus Wasserstoffatomen, - ist die Haut daher die Begrenzung, innerhalb der sich sämtliche Atome für eine bestimmte Zeit zu einem Meta-Wesen höchster Ordnung verbinden, auf Basis von Gesetzmäßigkeiten, die *nur* dort vorliegen.
Wenn wir vom *biologischen System Haut* sprechen, wovon reden wir dann? - Das *System* durchmisst **1,5 - 4 mm** und die Fläche bemisst sich zwischen **1,7 - 1,9 qm**, - je nach Körpergröße, - wobei das Gewicht dieses größten Organes im Mittel bei **6,5 Kg** liegt. Das *Funktionelle System Haut* ist aus verschiedenen Schichten aufgebaut, die alle sehr spezifische Aufgaben haben. Nachfolgend die Aufgliederung der Hautschichten, wobei wir uns von außen nach innen vorarbeiten.
Die Aufteilung der Haut untergliedert sich in *3 Schichten*:

I Epidermis - Oberhaut
Die Epidermis ist etwa 0,03 - 0,05 mm dick und besteht aus einer

Hornschicht *(Stratum corneum)*, das *Stratum corneum* gehört zum oberen Teil der **Cutis,** den man als *Hornhautschicht* bezeichnet, weil diese Schicht sich aus abgestorbenen *Plattenepithelzellen (Corneozyten)* zusammensetzt. Die Zellen weisen keinen Zellkern oder Zellorganellen auf. Sie besteht im Wesentlichen aus *Kreatin*, einem

---

[5] **Melanin** ist ein Pigment, das beim Menschen für die Färbung der Haut, Aderhaut und Haare verantwortlich ist und bei verschiedenen Lebewesen zu ähnlichen Zwecken vorkommt.

[6] Der Wellenbereich des **Lichtspektrums** liegt bei ca. *350 - 780* Nanometer *(nm)*.

stabilen Protein, das u.a. die Verdunstung von Wasser verhindert. Durch den aus den Talgdrüsen sezernierten Talg, wird diese Schicht geschmeidig und wasserabweisend. Je nach Lokalisation, kann diese Schicht zwischen **12** und **200** Zellschichten dick sein, was von der mechanischen Beanspruchung der Haut abhängt, die natürlich an den Hand- und Fußinnenflächen am größten ist, weswegen hier auch die dicksten Hornhautschichten sind. Störungen im Aufbau dieser Hautschicht werden als *Hyper-, Dys-* oder *Para-Keratosen* bezeichnet.

<u>*Glanz-Schicht*</u> *(Stratum lucidum),* - nur im *Leisten-, Hand-* und *Fuß-Innenseiten Bereich*. - Dort kommt das *S. lucidum* als strukturell hoch geordnete Molekül-Schicht vor, die einen öligen Charakter hat, mit nur sehr geringen *Brechungsunterschieden*[7], was das *S. lucidum* transparent aussehen lässt. Diese Schicht hat primär die Aufgabe, eine *Barriere* gegen alle Formen von Eindringlingen aufzubauen, was für die Hände und Füße, die den ganzen Tag in Kontakt sind, ebenso wie die Leistengegend, wo zudem noch eine starke Lymph-Verkettung zugegen ist; - ein nachvollziehbarer Schutzmechanismus.

<u>*Körnerzellen-Schicht*</u> *(Stratum granulosum),* - bildet zusammen mit dem *Stratum corneum* eine Schicht, die aus wenigen Zelllagen abgeplatteter *Keratinozyten* bestehen, die *Granula* enthalten, - kleine *Körnchen*, die von einer Membran umschlossen sind. Besteht die obere Schicht aus leblosen *Corneozyten*, so findet in der unteren Schicht, dem *S. granulosum* die Umwandlung von *Keratinozyten* statt. Diese passt sich der mechanischen Belastung der Haut an und sorgt so dafür, dass stark beanspruchte Stellen durch eine Hornhautschicht abgepuffert werden. Funktioniert die Versorgung über die Talgdrüsen jedoch nicht, trocknet die Haut aus und wird rissig. In beiden Schichten sind keine Blutgefäße angelegt, - die kommen erst in der **Lederhaut-Schicht**.

---

[7] **Brechung** bezeichnet die Änderung der Ausbreitungsrichtung einer Welle aufgrund einer räumlichen Änderung ihrer Ausbreitungsgeschwindigkeit, die speziell für Lichtwellen durch den Brechungsindex *n* eines Mediums beschrieben wird.

Stachel-Zellschicht (Stratum spinosum), - das *S. spinosum* ist **ein** Teil der **Keimschicht,** der über dem *S. basale* liegt.
Mit zunehmendem Abstand der *Keratinozyten* von der *Basalmembran* verschlechtert sich deren Nährstoffzufuhr, was dazu führt, dass sich die Zellmorphologie verändert und die Zellkerne der *Keratinozyten pyknotisch* werden. Dabei verdichtet sich das *Chromatin* im Zellkern, was ein gleichzeitiges Schrumpfen der Kernmembran zur Folge hat. Im Lichtmikroskop erscheinen die verdichteten *(kondensierten) Keratinozyten* als stachelige Zellen in Form eines Tubus, woher sie auch ihren Namen haben, - *Stachelzellen.*
Erythrozyten, welche diesen Prozess durchlaufen haben, wenn sie durch Übersäuerung, Strahlung oder toxische Stoffe beschädigt worden sind, erscheinen dann als sog. *Stechapfel-Erythrozyten.*

In dieser Schicht erfolgt auch die Synthese von *Keratohyalin*, ein Protein, das bei der Verhornung entsteht und das sich in Form kleiner *Granula* im Inneren der *Keratinozyten* ansammelt, bevor es am Ende der Verhornung, zu *Kreatin* umgewandelt wird, was wiederum Hauptbestandteil des *S. corneum,* - der Hornschicht, - ist. Alles ist fein aufeinander abgestimmt und darauf programmiert, sich immer wieder ins Gleichgewicht zu bringen.

Basal-Zellschicht (Stratum basale), - sie bildet die untere Schicht der *2-phasigen* **Keimschicht** *(Stratum germinativum)* und sie bildet die letzte Schicht der **Epidermis**. Das *S. basale* ist die Geburtsstätte der *Keratinozyten,* - ein Pool an *adulten Stammzellen* der eine sehr hohe *Mitoserate* aufweist, was bedeutet, dass dort eine rege Zellteilung stattfindet, die den Zellverlust an der Oberfläche ausgleicht. - Also, - Heilung kommt von Innen, sofern alles funktioniert.
In dieser Schicht reifen die neuen Hautzellen heran, was etwa 30 Tage dauert. Während dieser Zeit werden Zytoplasma, Zellkern sowie die Zellorganellen durch den Hornstoff **Kreatinin** ersetzt, wodurch sie sich von ihrer ursprünglichen Würfelform, in die typisch rundliche Epithelzell-Form transformieren, während sie an die Hautoberfläche wandern.

Diese letzte *Epidermis-Schicht* besteht hoch geordnet aus kuben- bis prismenförmigen *Epithelzellen*, die säulenartig angeordnet und mit der darunterliegenden *Basalmembran* verbunden sind. Für die Stabilität der zellulären Verbindung sorgen *Hemidesomosomen*, *Haftkomplexe*, die aus *intrazellulärer Plaque*, *Intermediärfilmamenten* und *spezifischen transmembranalen Kontaktproteinen* bestehen, wodurch die *Epithelzellen* dauerhaft mit der *Basalmembran* in Austausch bleiben. Störungen in der *Epidermis-Schicht* haben also das Potenzial zu einer Menge symptomatischer Systementgleisungen und wir haben jetzt gerade einmal die *erste* von *drei* Hautschichten in Aufbau und Funktion oberflächlich angesprochen.

II Dermis   - Lederhaut *(Corium)*

Da die **Epidermis** frei von Gefäßen ist, die sie über den Blutkreislauf mit Nährstoffen versorgen würden, benötigt sie ein Substrat auf dem sie wachsen und sich verwurzeln kann, - die **Lederhaut**. - Diese gliedert sich in zwei Schichten auf:

Zapfen- o. Papillar-Schicht (Stratum papillare)
Die typisch zapfenförmigen Oberflächenformationen *verzahnen* die **Dermis** mit der **Epidermis** wodurch diese nicht nur fixiert, sondern auch in den Nährstoffkreislauf der dort etablierten kapillaren Gefäßschlingen, die aus der *zweiten* **Dermis** Schicht, dem *S. reticulare* gespeist werden, eingebunden wird, wobei der Stoffaustausch nicht direkt über das Blut, sondern per *Diffusion*[8] über beide Grenzschichten erfolgt, - also über das *S. basale* und *S. papillare* wo gleichzeitig auch die *Basalmembran der Epidermis* liegt, welche die beiden Schichten räumlich voneinander abgrenzt, sie aber auch verbindet. Nur durch die stabile Verbindung von **Dermis** und **Epidermis** entsteht die *Reißfestigkeit* der Haut.
Die Wirkung, welche aus dieser Hautschicht hervorgeht, ist nun schon deutlich umfangreicher. Das Gewebe besteht aus *Bindegewebe (Kollagen)* und wird intensiv von Kapillaren durchdrungen.

---

[8] **Diffusion** ist das Vermischen von Stoffen, die miteinander durch ihre zufällige Eigenbewegung in Berührung stehen (Brown'sche Molekularbewegung).

Bei *venösen Rückstromdefekten* bilden sich die allseits bekannten *Besenreißer*.
Kollagen hingegen hat eine enorme Elastizität bei einer extrem hohen *Belastbarkeit*. Mit mehr als 1.000 Aminosäurereste gehört es zu den längsten Proteinen, die aus drei intensiv ineinander verschlungene Aminosäureketten bestehen und daher diese abnorme Zugkraft von 500 - 1000 Kg/cm^2 haben! - Die Dicke der mit Kollagen gefüllten **Dermis** Schicht beträgt zwischen 0,5 - 1,5 mm. - Als *Spaltlinien* bezeichnet man den Hauptverlauf von gebündelten *elastischen Fasern*, an denen man sich insbesondere in der Chirurgie zum ersten Schnitt ausrichtet, der immer entlang der Fasern geführt wird, wodurch die Wunde weniger blutet und schneller heilt. In dieser ersten Schicht der **Dermis** sitzen die *sensorischen Zellen* mit ihren Sinnesrezeptoren, über die *Tast- und Vibrationswahrnehmung* vermittelt werden.

Hier sind die meisten *Haarwurzeln* lokalisiert sowie *Talg-* und *Schweißdrüsen*. Dazwischen verteilen sich *Blut-* und *Lymphgefäße* wobei die Gewebezwischenräume immer noch reichlich Platz für eine Vielzahl von Immunzellen wie *Makrophagen, Lymphozyten, Plasmazellen, Mastzellen, Granulozyten* oder *Monozyten* bieten.
Im Zuge der Selbstregulation findet man dort auch **Fibroblasten** vor, welche die Bindegewebsbildung einleiten. Damit aber nicht genug, - in der **Epidermis** ist auch die *glatte Muskulatur (Tunica dartos)* eingebettet, bei der z.B. ein Kältereiz eine Kontraktion hervorruft, was sich wiederum auf die Blutgefäße auswirkt. Die dadurch initiierte *Vasomotorik* bewirkt eine Verengung *(Vasokonstriktion)* oder eine Erweiterung *(Vasodilatation)* der Blutgefäße.

Da Blut zu mehr als 90% aus Wasser besteht, ist es somit ein hoch effizienter Wärmespeicher, der seine Wärme freigibt, wenn der Fluss gestaut wird. Andererseits greift er bei freiem Fluss Wärme aus der Umgebung ab und sorgt somit für Kühlung. Eine perfekte Thermoregulation, die sich blitzschnell veränderten Bedingungen anpassen kann.

Es ist schon bemerkenswert, wie die Natur so mächtige Regulationsmechanismen auf so wenig Raum bringt, - insbesondere aber die allzeit gegenwärtige *Autoregulation*, die jeden Moment das Gleichgewicht sucht und findet. Bei soviel Raum für Bewegung bleibt kein oder nur wenig Raum für Nahrung und so setzt sich Schicht 1 der **Dermis** auf Schicht 2, - die *Speisekammer*.

Netz-Schicht (Stratum reticulare / texticulare)
Die Fasern des *S. reticulare* sind deutlich dicker und bilden ein grobmaschiges, extrem zugfestes Netz aus *Kollagen Typ 1 (Struktur-Kollagen)* in das sich *straffes Bindegewebe* einlagert. Hier ist die Basis von straffer und fester Haut, wobei der Wasseranteil in dieser Gewebeschicht eine konsistenzgebende Rolle spielt. Auch hier finden wir *Immunzellen, Haarfollikel*[9], *Drüsenendstücke* von *Talg-, Schweiß-* und *Duftdrüsen*, - *Mechanorezeptoren*[10] *(Ruffini- o. Vater-Pacini-Körperchen)* sowie die leidvollen *Nozizeptoren*. - Was, die kennen sie nicht? - Haben sie schon mal Schmerzen gespürt, - jetzt haben sie die Ursache dafür. Man versteht sie als die Vermittler von der *Wahrnehmung von Schmerz*, die in allen schmerzempfindlichen Geweben lokalisiert sind. Auch in dieser Schicht tobt das Leben und dennoch liegt in der Grenzmembran zum **Subcutis** Übergang die *Speisekammer der Epidermis*, - der **subpapilläre Gefäßplexus**.

Die Nährstoffe gelangen über *Venolen, Arteriolen* sowie *Lymphgefäße* in die Nahrungskette der *Epidermisschichten*. *Venolen* und *Arteriolen* sind winzig kleine Venen/Arterien, die im Gefäßsystem den Übergang zu den Kapillaren darstellen. Die *Lymphen* haben nun gleich eine Doppelfunktion, nämlich einmal als Nährstofflieferant und zugleich als Müllentsorger für Rückstände aus dem Interzellulär Stoffwechsel. Auch hier finden wir eine Schicht mit einem ganz eigenen Charakter im Sinne von Ursache <-> Wirkungs-Verläufe und je tiefer wir in die Haut gelangen, desto komplexer werden die Wirkverläufe, die sich bis ins Innerste *auswirken*.

---

[9] **Haarfolikel:** Strukturen, welche die Haarwurzel umgeben, wodurch das Haar in die Haut verankert werden kann.

[10] **Mechanorezeptoren:** physiologischer Ablauf, bei dem mechanische Reize aus der Umwelt über **Rezeptoren** in elektrische Signale umgewandelt werden, wodurch das Zentralnervensystem sie verarbeiten kann.

Betrachten wir uns nun die letzte Hautschicht.

III Subcutis - Unterhaut

Ein Blick ins Untergewebe verdeutlicht, dass es da schon sehr viel ruhiger zugeht und dass wohl die höchste Aktivität des Systems Haut, in der mittleren Schicht, - der **Lederhaut**, stattfindet. Dennoch ist die **Subcutis** interessant, da sie die Schicht ist, die den meisten Menschen die größten Probleme bereitet. Zudem ist es auch ein sehr frequentierter Hautabschnitt, weil dort alles abgeleitet wird, was aus den oberen Hautschichten durchkommt. Auch der *Lymphfluss* findet in den Haut-Schichten statt und so ist das *Subcutangewebe* ein Trichter, in dem alles einläuft, um von dort zu den inneren Abbauwegen zu gelangen. Kommt zu viel in den Trichter, dann kann es passieren, dass er *zu macht* und es kommt zu einem Rückstau, der sowohl akut, wie auch länger andauernd, ein Trigger für viele Wirkverläufe werden kann! -

Das *Subcutangewebe* ist ein lockeres Binde- und Fettgewebe, welches die **Epidermis** und die **Dermis**, die zusammen **Cutis** genannt werden, mit der darunterliegenden Knochenhaut, bzw., den *Faszien* verbindet. *Faszien* sind sog. *Weichteil-Komponenten* des Bindegewebes, die den gesamten Körper durchziehen und als eine Art *Verbindungs- Matrix* fungiert, die alles *in Form* bringt und hält.

Im System *Haut* sind *Faszien* und *Knochenhaut* die Halte-Elemente der Haut am unteren Ende der **Subcutis**. Durch *Kollagenfasern* und *Haltebänder (Retinaculum)*, die aus der **Subcutis** in die **Cutis** einwachsen, verbindet sich der obere Teil der **Subcutis** mit dem unteren Teil der **Dermis**, - eine erstaunlich effiziente Haltetechnik! - In dieser Funktion findet sich auch eine der Hauptaufgaben der **Subcutis**. Sie ist die primäre **Verschiebe-Schicht** zwischen dem System *Haut* und dem Untergrund, auf dem sie fußt *(Faszien/ Knochenhaut)*.

Eine weitere primäre Aufgabe dieser Hautschicht ist die Wärmeregulation und dass sie als Energiespeicher *(Depotfett)* fungiert, aus dem im Bedarfsfall Fettreserven mobilisiert werden.

Das **Unterhaut**-Fettgewebe wird dabei von *Bindegewebssepten*[11] zu Läppchen artigen Fettgewebsformationen strukturiert, die als Puffer, Wärmeisolator oder Energiereserve dienen.

Die Fettschicht kann mehrere Zentimeter dick sein, - in manchen Regionen, wo sie als *Baufett* dient, auch deutlich dicker. Baufett hilft etwa im Bereich der Fußsohle das Körpergewicht beim Gehen aufzufangen, um dadurch den Druck gleichmäßig zu verteilen.
Weniger lustig ist es, wenn die Fettgewebs-Schichten insbesondere in den bekannten Problemzonen, - *Po, Bauch, Hüfte* und *Schenkel*, - anzuwachsen beginnen! - Das Fett einfach abzusaugen, wie es heute Mode ist, sollte nicht unbedacht gemacht werden, - immerhin greift man hier massiv in eine Haut-Schicht ein, die für den stabilen Halt des gesamten Organs Haut verantwortlich ist! -

An dieser Stelle möchte ich etwas vorgreifen, denn gerade die **Subcutis** reagiert sehr sensibel auf unterschiedlichste Störungen, wie z.B. Entzündungen, Viren, Bakterien, Toxine, Enzyme sowie auf thermische oder mechanische Verletzungen. In allen Fällen wird die *Apoptose*, - der Zelltod, - der Zelle eingeleitet, wodurch diese in ihre Fettsäuren zerfällt, die meist einen Entzündungsfaktor darstellen, der im Falle einer chronischen Lokalisierung zur *Lipogranulomatose* führen kann, die als symptomatisches Erscheinungsbild sehr unterschiedlich darstellen kann, jedoch gilt sie als therapeutisch nicht heilbar und erzeugt in allen Fällen Schmerzen an den Gelenken, in der Haut und führt zu Deformationen des Körpers, da nicht nur die Haut und das Bindegewebe betroffen sind, sondern ebenso die Knochen, Gelenke sowie die Weichteile.

Da diese Hautschicht, die von Blutgefäßen, Nervensträngen, Haarwurzeln und Drüsen durchzogen ist, die übergeordneten Haut-Schichten versorgt, bedeutet dies die vollständige Einbindung in den Nährstoffzyklus des Systems Mensch, was nachfolgend noch von

---

[11] Unter einem **Septum** versteht man eine Trenn- oder Scheidewand, die zwei Gewebepartien von einander abgrenzt oder eine Körperhöhle in zwei Räume unterteilt.

Bedeutung sein wird, wenn wir uns betrachten, welche „*Nährstoffe*" ihm da verabreicht werden! -
Da der Organismus alle Gifte, die er nicht verarbeiten kann und die eine Gefahr für ihn darstellen in *Depotfette* einlagert, findet sich insbesondere in dieser sensiblen Region der Haut eine tickende Zeitbombe. Dass in dieser Region auch Wirkung entsteht, zeigt die Affinität von *Tumoren*, die dort offensichtlich eine geeignete Entstehungsgrundlage vorfinden. **Lipome** beispielsweise sind gutartige Tumore, die sich aus *Adipozyten*, - überreifen Fettgewebszellen, entwickeln. Beinahe immer sind sie im *Subcutangewebe* lokalisiert, können sich aber auch in Muskeln und inneren Organen etablieren. Auch das **Liposakrom** bevorzugt das *Subcutis* Gewebe und auch wenn es selten auftritt *(2,5 -> 1 Mio./Jahr)*, so ist es das zweithäufigste *Weichteilsarkom*, das als sehr bösartig gilt und zu massiven Gewebewucherungen führt.
Da die **Subcutis** durch die Nährstoffzufuhr mit allen Haut-Schichten verbunden ist, kann diese Schicht natürlich auch die Ursache für die Krebs-Entstehung in den anderen Haut-Schichten sein, z.B. *Talgdrüsen-* oder *Lymph-Karzinom*, was verdeutlichen soll, dass die Pflege der Haut ein durchaus wichtiger Bestandteil der Gesundheit ist, dem man seine Aufmerksamkeit schenken sollte.

Am Ende der kleinen Exkursion durch die Haut hoffe ich nun, dass damit klar ist, dass die Haut ein komplexes System ist, das Arbeit auf einer sehr kausalen Grundlage leistet und damit das System als Ganzes *be-wirkt*. Viel zu wenig versucht man, die Bezüge zur Entstehung einer Erkrankung in der Haut als Basis zu suchen, wo man durchaus fündig werden würde, etwa wenn es sich dabei um Allergien, lymphatische-, ödemische- oder nekrotische Beschwerden oder aber um immunologische sowie gastroentrologische Entgleisungen handelt. Die hohe *Mitoserate* in der *Basal-Schicht* der **Epidermis** ist ebenfalls ein sensibles Rädchen, das, durch welche Umstände auch immer, zu schnell expandierenden Gewebedeformationen führen kann.

Eng verbunden mit der Gesundheit als Ganzes ist die Haut auch als das größte Entgiftungsorgan des Organismus, denn alle toxischen Stoffe, die aus der Nahrung, dem Wasser oder der Atemluft in den Organismus hinein gelangen, müssen von dort auch wieder heraus, - ganz zu schweigen von den Nebenprodukten des Stoffwechsels, denn es kommen ja nicht nur von außen Schadstoffe herein in den Körper - auch in ihm entstehen Schadstoffe, insbesondere dann, wenn er Nahrung bekommt, die nur eine schlechte *Qualität* hat, arm an Nährstoffen, dafür aber reich an Zusatzstoffen oder gentechnisch veränderten Zutaten ist.

Die *Qualität* in Bezug auf die Nahrung beinhaltet sowohl das *oral-* wie auch *dermal* zugeführte Nahrungsangebot! -
Man sagt, die Haut ist der Spiegel des Darms und nachdem man seinen Darm schlecht einsehen kann, ist es wohl leichter, sich an der Haut zu orientieren. Was nicht über den Darm, Leber oder Lungen entgiftet werden kann, das entgiftet die Haut und was die Haut nicht schafft, wird im Depotfett eingelagert! - So oder so, das Gift kommt und geht immer über die Haut! - Wenn die Haut in ihrer Entgiftungsfunktion gestört ist, weil man beispielsweise die Poren mit ungeeigneten Kosmetikstoffen verkleistert, dann muss die Leber die Mehrbelastung mittragen und die kann immens sein.
Wenn man z.B. Knoblauch isst, der als gesund gilt, dabei aber eine hohe Konzentration an giftigen *Vinyl-olithiine* beinhaltet, kann man riechen, wie schnell diese toxischen Stoffe über die Haut ausgasen. Schwer vorzustellen, wie die Leber mit dieser Herausforderung umgegangen wäre, die gleichsam das *chemische Schutzorgan* der Schleimhäute ist.
Clowns in den 30er-Jahren, die sich mit gasundurchlässigen Farben geschminkt haben, sind daran gestorben! - Nicht weil sie erstickt sind, - sie sind innerlich vergiftet, weil die Leber versagt hat! - Wenn die Hautausgänge nur 4 Stunden versperrt sind, kann das zu einem totalen Leberversagen mit

Todesfolge führen, womit die unterschätzte Entgiftungswirkung der Haut betont werden soll. Ebenso wird das Zusammenspiel der Organe daraus deutlich, so dass man nun verstehen kann, dass bei Leberproblemen eine auslösende Ursache durchaus in der Haut zu finden wäre, wenn man dort suchen würde.

An der Oberfläche der Haut sind es Mikroben der Hautflora, welche nicht nur Nährstoffe körperkonform auf- und zubereiten, sondern auch Giftstoffe in die finale Entsorgung über die Hautoberfläche, aus der Haut verbringen. - Ich glaube, dass es keiner weiteren Worte mehr zur Essentialität der Funktionalität der Mechanismen der Haut bedarf, denn die *Qualität* der Gesundheit ist die Wirkung auf die Fähigkeit des Systems als Ganzes, sich von seinen Giften zu befreien, welche allesamt eines gemeinsam haben: Sie stören die Ordnung des Systems und die Folge ist immer Degeneration! - Und die Haut ist nun einmal die Drehscheibe der Ver- und Entsorgung! -

Eine hautkonforme Pflege, um die Haut zu schützen und sie in ihrer Autoregulation zu unterstützen, sollte daher mehr Aufmerksamkeit beanspruchen, denn die Haut ist ein sehr wichtiger Teil des Ganzen, um den man sich auch noch aktiv, mit *sicht-* und *spürbaren Effekten* kümmern kann. -

Wir sprechen von einer im Mittel *2 mm* dünnen, biogenen Funktions-Schicht, wenn wir von der Haut sprechen und wir haben im Vorherigen einen kleinen Einblick in die Funktionalität der unterschiedlichen Hautschichten bekommen, die vor allem eines zeigen, nämlich, dass die Haut ein fein aufeinander abgestimmter Mechanismus in mehreren Funktions-Schichten ist. - Bereits geringste Störungen in den einzelnen Schichten führen zu Störungen im Ganzen und obwohl wir es mit einer *übersichtlichen* Haut-Matrix zu tun haben, die etwa 1,7 m² in der Fläche bemisst und nur 2 mm dick ist, so verstehen wir nicht wirklich, wie sich das, was in dieser Schicht abläuft, auf das Ganze auswirkt. Jetzt beinhalte ich noch nicht einmal die *Meridiane* und ihre *Akupunktur-/Akupressurpunkte*, - kaum messbare Ströme, die z.B. über Metalloxide *(Titanoxid, u.a.)* in den Haut-Schichten *korrelieren*, insbesondere wenn sie unter Sonneneinstrahlung oxidieren, was zur Entstehung vielerlei Erkrankungen führen kann, weswegen internationale Spezialisten wie der Molekularbiologe *Prof. Marco Ruggiero*, die Haut mit *(Schwer-)*Metall bindenden *Chelatoren* behandeln und im Inneren mit zellgängigen Mikropektinen arbeitet, um die hohe Metallbelastung und ihre Folgen abzubauen, die sich natürlich besonders auf und in der Haut auswirken. Die Funktionalität der Haut wirkt sich in erheblicherem Maße auf Krankheit Karrieren aus, als dass man dies wahrhaben will und berücksichtigt! -

Leider bleibt am Ende einer lang verlaufenden *Karriere* meist nur noch den Spezialisten die Möglichkeit, ein sub-optimales Leben erträglich zu machen, denn irgendwann, wenn das System weit genug zerstört ist, kann es auch das nicht mehr verarbeiten, was es heilen würde. So benötigt man dringend neue Konzepte, neue Wirkverläufe und am besten arbeitet man immer auf einer kausalen Basis, - man benötigt eine *Qualität*, - eine *Qualitätsstoff-Qualität*, - die sich nach dem Bedürfnis des biologischen Systems ausrichtet und die es in seiner Autoregulation, nicht aber in den Wirkverläufen, *bewirkt!* -

Man muss den Begriff Kosmetik neue definieren, da die bestehende Definition, sowie Art der Auslebung nicht dem entspricht, was das System Haut benötigt! - Die funktionalen

Schichten der Haut sind ein primärer Faktor der Gesundheit und der Evolution, denn nur durch die Haut kann sich das *INNEN* mit dem *AUßEN*, das ja in ständiger Veränderung ist, verbinden, um sich anzupassen.

Wenn man sich die *Güte* und *Qualität* dessen betrachtet, was man zur Pflege für die Aufrechterhaltung des Grenzflächen-Organs verwendet, dann wird man schnell erkennen, wo man anzusetzen hat. - Insbesondere das Grundverständnis zur Funktion der verschiedenen Haut-Schichten, die zur Verdeutlichung im nachfolgenden Schaubild abgebildet sind, sollen die Erfordernis verdeutlichen, dass man sich mehr Gedanken darübermachen sollte, was man sich zuführt! - Jeder *EINZELNE* trifft diese Entscheidung für sich selbst und so muss er sich auch seiner Verantwortung bewusst sein, denn der Mensch aus Sicht der Thermodynamik, ist ein *Offenes System*, das nicht aus sich selbst *Stoff* und *Energie* erzeugen kann. -

Ein *Offenes System* muss sich beides von Außen holen, wodurch ein ewig währender Ursache < -- > Wirkmechanismus in Wirkung gebracht wird.

Es gilt:
Alles was man von Außen ins Innere des Systems einbringt, verändert die Ordnung darin irreversibel! - Das heißt, - egal was wir uns zuführen, wir verändern damit unser System und reißen es unwiderruflich aus der bestehenden Ordnung. Ob die neue Ordnung besser oder schlechter ist, das liegt an der *Qualität*, die man sich entscheidet zuzuführen! -

AUFBAU DER HAUTSCHICHTEN

Cutis

Stratum disjunctum - Hornschicht 1	**I. SCHICHT**
Stratum corneum - Hornschicht 2	
Stratum granulosum - Körnerschicht	**EPIDERMIS**
Stratum spinosum - Stachelzellsch.	**OBERHAUT**
Stratum basale - Basalschicht	

Keim-schicht

II. SCHICHT
DERMIS
LEDERHAUT
CORIUM

Stratum papillare
- Zapfen-Schicht -

Stratum reticulare
- Netz-Schicht -

Subcutis

Adipöses Fett / Depotfett
Nerven-/Blutgefäße
Bindegewebsstränge
Dermales Nahrungsdepot
Verschiebeschicht

III. SCHICHT
SUBDERMIS
UNTERHAUT

HAUT-UNTERBAU
Das Fundament der Hautschichten, - Knochenhaut, Körperfaszie

Das System *Haut* ist ein *biogener Organismus*, was bedeutet, dass er sowohl *funktionell* als auch *be-lebt* ist, womit wir zur *biologischen Schicht* der Haut übergehen, die sich nun nicht mehr so einfach begrenzen lässt. Es ist keine chronologisch aufgebaute *Schicht*, wie die Hautschichten. Es gibt natürlich Kernpunkte der Besiedlung, jedoch bestimmen die lokalen Lebensparameter die Entstehung, Verteilung und Verbreitung der Mikroorganismen, die Hauptbestandteil dieser *be-lebten* Schicht, - der **HAUTFLORA**, sind. In dieser Schicht werden alle *Bakterien* und *Pilze* zusammengefasst, welche als natürliche Bestandteile im Ganzen die *gesunde* Haut bilden, wobei die Gesundheit auf der *Funktionalität der Hautschichten* basiert. Solange die Haut als Grenzflächen-organ ihre *Barriere-Funktion* aufrechterhalten kann, bedeuten die Mikroorganismen keine Gefahr, - ganz im Gegenteil. - Für Mikroorganismen, die von Außen in das System über die Haut gelangen wollen, ist das Weiterkommen in der biologischen Schicht erstmal zu Ende! -

Etwa *1 Billionen (10^{12-14})* Bakterien besiedeln diese biologische Schicht der Haut, das sind im Mittel etwa *1 Millionen pro cm^2* und sie verteilen sich gemäß dem Nährstoffangebot. - Sie denken das ist viel? - Allein im Darm leben 10^{13-14} Bakterien je Gramm Stuhl! - Soviel, wie das gesamte *dermale Milieu!* - Und dennoch, - sowie es im Darm keine Verdauung ohne Mikroorganismen geben kann, so kann es keine mikrobielle Abwehr ohne die Hautflora geben! -

Auf der Haut verteilen sich die Mikroben nun recht spezifisch. Nur einige Hundert und sogar noch deutlich darunter, bis max. 5 Tausend *pro cm^2 Haut,* finden sich *(aufsteigend)* an den *Fingerkuppen, Rücken, Füßen, Armen* und den *Händen*. - Es sind trockene Regionen, - also wenig Wasser und wenig Fett = *wenig Nahrung* und damit kein Besiedlungsraum der 1. Wahl. Im Bereich der Stirn siedeln dann schon um die 200.000 Mikroben/cm^2. In den feucht-fetten Achselhöhlen sind es dann schon 2 Mio./cm^2 und auch die Kopfhaut ist mit etwa 1 Mio./cm^2 stark besiedelt, insbesondere wegen der dort stark verbreiteten *Haarbalgmilben (Demodex folliculorum)*, die in den *Haarfollikeln* der Kopfhaut und der Stirn siedeln. Sie ernähren sich von Fett, Bakterien und falls vorhanden, auch von Creme- und Schminkresten, bevor sie nach einem 2-wöchigen Leben zum *Haarfollikel* zurückkehren, sich dort paaren und brüten.

Sie sind damit auch direkt in unser Tun eingebunden, denn mit der Pflege gibt man ihnen die Stoffe, die sie ernähren, oder sie töten und zum Abwandern bringen. In jedem Fall nehmen sie das, was sie sich zugeführt haben mit an die *Haarfollikel*, wo sie es nach ihrem Ableben im Zuge ihrer Zersetzung wieder freisetzen. Die *Milben* lösen als natürlicher Bestandteil der Hautflora keine Immunreaktion aus und sind somit unfreiwillige *Schleuser* von Stoffen, die in ein Umfeld gelangen, wo sie nicht hingehören. Haarentfernungen führen zu einer Reduzierung der *Haarbalgmilben* und es kann dann leicht zu Infektionen kommen, ausgelöst u.a. durch Pilze oder Viren *(z.B. Herpes)*, die nur mehr wenig Widerstand haben, dafür aber optimale Besiedlungsbedingungen am verletzten *Haarfollikel*. Wenn sie wieder einmal so ein seltsames *Kribbeln* auf Stirn oder Kopfhaut bemerken, dann begrüßen sie ihre *Mikro-Mitbewohner* und vielleicht ist es mal wieder angesagt, sich den Kopf zu waschen.

Haarbalgmilben sind reiselustig und übertragen sich von MENSCH < - > MENSCH, aber auch von MENSCH < - > TIER und sie sind es auch, welche u.a. die Gifte von außen, an das *Haarfollikel* bringen, das in die **Dermis** mündet.
An dessen unterem Ende bildet sich das Haar, aus der Haarwurzel *(Radix pili)*.

Die *Haarfollikel* haben zudem die Aufgabe als *Keimreservoir*, weswegen dort etwa **20%** der *dermalen Flora* angesiedelt ist. Sicher haben sie sich schon einmal gefragt, woher die neuen Mikroorganismen nach einem Körperbad oder einer Desinfektion kommen? - Genau, - aus der *Geburtenkammer* der *Haarfollikel*. Von dort aus schafft es das mikrobielle Milieu, sich während **24 - 72** Stunden wieder neu aufzubauen. Ein sehr schönes Beispiel, was die Vielfältigkeit eines einzigen Mikrobums, nämlich der *Haarbalgmilbe* aufzeigt, die in ihrem *Selbst-Zweck*, als integrativer Teil das Ganze *be-wirkt*.

Das zeigt, wie sensibel das Hautmilieu als Ganzes ist und wie leicht Störungen auftreten können, die dann nur noch zur sub-optimalen Funktion des mikrobiellen Barriereschutzes führen. Natürlich geht es auch um eine optimale Nahrungsgrundlage für die biologische *Mikrobenabwehr*. Das ist aber nur möglich, wenn man der Nahrung keine Stoffe beigibt, welche nicht nur die *Qualität* und den *Sinn* der *Nahrungsidee* zerstören, sondern gleich das ganze Milieu ausrotten, z.B. durch *unspezifische Bakterizide*[12]. -
Es wird zum freizügigen Festmahl geladen, das aus vergifteten Kulinaritäten besteht und in einer giftigen, lebensfeindlichen Atmosphäre serviert wird. - Ganz schön bizarr, oder? -

Das ist ein fundamental wichtiger Aspekt, den man auch in allen kosmetischen Produkten berücksichtigen müsste, denn was wir unseren Gästen nicht antun würden, das sollten wir auch nicht unseren *Mikro-Mitbewohnern* antun! -
Das ist ein generelles Problem, das Mikrobiologen schon lange beschäftigt, - der extreme Einsatz *unspezifischer*

---

[12] **Unspezifisch** in diesem Zusammenhang bedeutet, dass ohne Unterscheidung, jedes Mikrobum abgetötet wird, wohingegen eine **spezifische** Mikrobenabwehr nur auf bestimmte Mikroorganismen wirkt und die anderen unbehelligt lässt.

Bakterien- Gifte, welche das gesamte mikrobielle Milieu in ein Weltuntergangsszenario stürzen, um es auf „0" zu reduzieren.

Etwa **20.000 Tonnen** antibakterielle Toilettenreiniger gehen in Deutschland jährlich in die Natur-Kreisläufe ein. Sie bewirken eine stabil sterile Umgebung, wo sich weder Freund noch Feind sehen lassen. Heute ist das Prädikat „*antibakteriell*" zu einem *Qualitäts-Merkmal* geputscht worden, obwohl es das Gegenteil bewirkt, denn auch wenn wir uns den Toilettenreiniger nicht auf die Haut schmieren, so bewegen wir uns doch täglich in einer Dunstwolke von antibakteriellen Stoffen und wie wir wissen, benötigt die Hautflora 24 - 72 Stunden für eine Neubesiedlung. So greift ein Rad ins andere, - alles ist miteinander verbunden. Damit zumindest die Neubesiedlung der Haut nicht geblockt wird, sollte man bei der Hautpflege auf ein paar Dinge achten, welche die *Hautflora* beeinflussen.

Ausreichend *Feuchtigkeit,* deren Gehalt bei einer gesunden Haut zwischen 10 - 20% liegt, ist dabei von größter Bedeutung, wie die dünne Besiedlung trockener, lebensfeindlicher Hautabschnitte verdeutlicht. Sinkt der Feuchtigkeitsgehalt der Haut auf darunterliegende Werte ab, so wird die Haut rissig und bietet pathogenen Faktoren von außen eine optimale Grundlage sich anzusiedeln und zu vermehren! - Eine *Gewebehydratisierung* erreicht man dabei aber nicht durch Wasserbinder, wie man sie klassisch einsetzt, wozu übrigens auch Kollagen gehört, sondern über hydrophile Nährstoffkomponenten, die das Wasser ins Gewebe bringen! -
In den trockenen Hautabschnitten siedeln übrigens vorwiegend *Koagulase-negative Staphylococcen (Kugelbakterien).*
Man hat sie deswegen *Koagulase-negativ* benannt, weil man damit zum Ausdruck bringt, dass sie nicht die zerstörerischen Eigenschaften des *Staphylococcus aureus* haben, der *Koagu-*

lase-positiv ist, weswegen sie als *Kommensalen* durchaus nützlich für die Haut sind. *Staphylococcen* bilden eine große Affinität zu Fremdkörpern, besonders zu Plastik, aus, die sie besiedeln um sich dort zu etablieren. Sie sind sehr gut darin, *Biofilme* auszubilden, die bakterielle Infektionen begünstigen und auch wenn sie nicht *so* pathogen sind wie die *aureus Art*, so kann sich das mit Zunahme der Population rasch ändern. - Die *Staphylococcen* Besiedlung hat bei einer intakten Immunität keine Auswirkung, jedoch können sie zur Gefahr werden, wenn man das Immunsystem z.b. durch *Immunsuppressiva,* etwa bei Chemo Therapien, abschaltet, was aber auch auf erworbene Autoim-munerkrankungen zutreffen kann.

Die *Staphylococcen* der Haut sind *Kommensale,* - <u>Mitesser</u>, - die sich davon ernähren, was übrigbleibt. Sie entsorgen die Reste und haben daher eine wichtige Funktion bei der Aufrechterhaltung der Ordnung, ohne dass sie dabei dem *Wirt* schaden würden. - Doch, *Kommensale* können durchaus *pathogen,* - krankheitsverursachend, - werden, wenn etwa Gewebe zerstört oder beschädigt, die *mikrobielle Flora* durch Antibiotika gestört wird, oder wenn Immundefekte vorliegen. Mit der Eigenschaft einen *Biofilm*[13] bilden zu können, sind die Bakterien in der Lage, ganze Kolonien unter ihrer Führung zu errichten. -

Ihre Populationskontrolle liegt in der kargen Oberflächenlandschaft der Haut, die nur spärlich Nahrung und damit keinen besonderen *Siedlungsanreiz* bietet, wodurch einer übermässigen Besiedlung von vornherein *der Nährboden entzogen* wird, - im wahrsten Sinne des Wortes.

---

[13] **Biofilm** enthält Mikroorganismen und Wasser. Von den Mikroorganismen ausgeschiedene extrazelluläre polymere Substanzen (EPS) bilden in Verbindung mit Wasser Hydrogele, so dass eine schleimartige Matrix entsteht, in der Nährstoffe und andere Substanzen gelöst sind.

Außerdem erneuern sich die oberen Hautschichten in so kurzen Zeitabständen, so dass sie den dort siedelnden Mikroben lediglich eine temporäre Lebensgrundlage bieten! - Einen eigenen Beitrag zur Populationskontrolle der *Kommensalen* kann man dadurch leisten, dass man die nährstoffarme Hautlandschaft nicht mit *Fremdstoffen* aus den Pflegeprodukten anreichert. Alles was die Haut essen kann vereinnahmt sie für sich, für die *Kommensalen* bleibt nur das, was keiner essen will. - *Also wähle die Hautnahrung bedacht, damit sie es nicht ist, die dich am Ende auffrisst.* - Auch Unwissenheit und Ignoranz erzeugt Nahrung, der als Ursache eine Wirkung folgt und so nährt man entweder die Haut in ihrer Funktion oder die friedlichen Parasiten *(Kommensalen)*, die sehr viel Unheil mit sich bringen können, wenn man sie zu üppig füttert! -

Hier muss man pflegend aktiv werden, hat jedoch darauf zu achten, dass in den Pflegeprodukten nur sauberes Wasser, am besten im leicht sauren pH-Bereich verwendet wird.

Wasser ist DAS Medium, aus dem sich Leben entwickelt und die *Qualität* des Wassers alleine entscheidet darüber, wie die *Qualität* des Lebens sowie dessen ist, was daraus hervorgeht. Eine optimale *Hydratisierungsgrundlage* bedeutet nicht nur die Zufuhr von Flüssigkeit, sondern auch zu meiden, was zur Austrocknung führt, worauf ich schon einmal auf die vielen *Alkohole* anspielen möchte, die in Pflegeprodukten anzutreffen sind, doch dazu gleich mehr.

Der **pH-Wert** ist ein weiterer wichtiger *Besiedlungs-Faktor*, den man durch die Verwendung von geeigneten Wässern sowie stabilisierenden Puffersystemen *pflegen* kann. Auf der Haut leben *Aerobier* und *Anaerobier* zusammen. *Aerobier* sind alle Bakterien, die *Sauerstoff* für ihre Existenz benötigen, weswegen auch die **Sauerstoffversorgung** der Haut ein *Besiedlungs-Faktor ist.* - Unter Sauerstoff versteht man auch die *Reaktiven Sauerstoffspezies (ROS)*, die einem intakten

Zellstoffwechsel entspringen, um die *Redox-Systeme*[14] in Bewegung zu halten. *Hyperoxid* sowie *Wasserstoffperoxid* aus dieser Gruppe besitzen zudem als *Signalmoleküle*[15] auch steuernde Funktionen. Ein ZUVIEL der ROS erzeugt *(oxidativen) Stress*, ein ZUWENIG Starre! - Wie immer geht es um den *Goldenen Mittelweg*, den man ja mit Pflegeprodukten erreichen will. Doch anstatt einfach Oxidantien auf die Haut zu schmieren, sollte man doch besser den Zellstoffwechsel optimieren, aus dem alles kommt, was gebraucht wird.
Der alleine weiß, wie er am besten wieder ins Gleichgewicht gelangt. - Weg vom Sauerstoff und hin zu den Gärbakterien.

Anaerobier sind abbauende, vergärende Mikroben, die unter Ausschluss von Sauerstoff leben und zur Säurebildung beitragen. Die meisten Bakterien, die man als krankheitsbildend, *pathogen*, bezeichnet, sind *Anaerobier*, die allgemeinhin als die **Bösen** verpönt sind, was aber nur ein Teil der Wahrheit ist, wie die *Hautflora* ja deutlich zeigt. Das Verhältnis von *Anaerobiern* und *Aerobiern* auf der Haut beträgt **10:1** und so kommt es, dass der Haut pH-Wert bei unter 6 liegt. Bei einem gesunden Menschen existieren rund **1.000** verschiedene *Bakterienarten* auf der Haut, wie das *National Human Genome Research Institute* bei Forschungen zutage förderte.
Da die mikrobiellen Prozesse auf und in der Haut meist abbauender Natur sind, benötigt das System mehr säureproduzierende *Anaerobier* und alles folgt einer intelligenten Folgerichtigkeit, - so auch der pH-Wert der Haut, der für Mikroben ein kausaler *Besiedlungsfaktor* ist.

---

[14] Ein **Redoxsystem** besteht aus zwei Stoffen, die chemisch miteinander reagieren, wobei ein Reaktionspartner Elektronen auf den anderen überträgt.
[15] **Signalmoleküle** lösen in der Biochemie und Physiologie Prozesse aus, mittels derer Zellen z.B. auf äußere Reize reagieren, diese umwandeln, als Signal in das Zellinnere weiterleiten und über eine Signalkette zum zellulären Effekt führen.

Der Säureschutzmantel wird primär dominiert von säurebildenden Bakterien, deren Produkte, z.b. in Form von Enzymen, nur in diesem *pH-spezifischen* Umfeld funktionieren können. *Mit anderen Worten:* Verändert man den pH-Wert der Hautoberfläche, dann bricht die Funktion des Säure-Schutzes zusammen! - Gibt man saurem Gift etwas Base zu, dann verändert sich der pH-Wert und das Gift verliert seine toxischen Eigenschaften! - Im Falle des *Säure-Schutzmantels* kastriert man damit allerdings die eigene Abwehr, was vergleichbar wäre, mit der Zerstörung der *Ozon-Schicht* oder des *Van-Allen-Gürtels*, die alle eines gemeinsam haben: Sie sind *Barriere-Schichten*, die alles ausfiltern, was die Ordnung der Systeme beeinträchtigen könnte! - Ohne diese **Filter** wäre Leben, wie wir es kennen, nicht möglich, weswegen *Qualität* nur darauf abzielen kann, die natürlichen Funktionskreisläufe positiv zu *be-wirken* und nicht in dessen Wirk-Verläufe einzudringen um darin *mit-zuwirken*! - So kann man viel aus dem synergenen Zusammenschluss unterschiedlicher Mikroben lernen, die durch ihren *Selbst-Zweck* der Funktionalität des Ganzen dienen, ohne dass sie aufhören müssen das zu sein, was sie sind.

Insbesondere **Corynebakterien**, die in großer Artenvielfalt vorhanden sind, helfen z.B. dabei mit, das saure Milieu zu erhalten, indem sie die von den Talgdrüsen abgesonderten Fette zu Fett*säuren* spalten, was auch dem Keimwachstum auf der Haut entgegenwirkt. Sie leben vor allem im *Stratum corneum* der **Epidermis**.

Malassezia-Pilzkolonien sind ein weiterer Teil der natürlichen Hautflora. Insgesamt gibt es von diesem Pilz neun Arten, die bekannt sind. Sie besiedeln die Oberfläche der *Epidermis* und sind allesamt Bestandteil der Hautflora bei Warmblütern, die *eigentlich* unschädlich sind. *Melassazien*-Kolonien kann man

an der Hautoberfläche als ganz kleine, gelblich schimmernde Pünktchen mit den bloßen Augen erkennen. Wenn man mit dem Finger darüberfährt, fühlen sich diese Partien glatter oder faltiger an, als die umgebende Haut.
Melassazien sind *lipophile*, also fettverarbeitende *Hefe-Zellen*, die aber keine Fermentation einleiten, dafür aber aus Fetten *Kohlenstoff (C)* gewinnen. Organischer Kohlenstoff sowie freie C-Atome werden für die Proteinbiosynthese benötigt! - So werden die nachwachsenden Hautzellen in der Keimschicht aus der mikrobiellen Synthese mit C-Atomen versorgt, die für viele weitere bio-/chemische Reaktionen von fundamentaler Bedeutung sind. Sie sind nahezu die ausschließlichen Siedler, quasi eine *artenvariante Monokultur*, bis auf die Füße. Die Haut dort hat die sehr spezifische Eigenschaft, eine *diverse Pilzflora* zu beheimaten. Ein Rückbleibsel aus Urzeiten, denn als der Mensch noch keine Schuhe trug, waren die Füße die Grenzschicht zur Erde.
Vordergründig besiedelt *Malassezia furfur* die Haut als *Kommensale*, den man als *opportunistischen Erreger* bezeichnet, der sich von langkettigen Fettsäuren ernährt und daher in Regionen siedelt, die reich an Talg sind, wie die Kopf- und Gesichtshaut, sowie alle Körperpartien, die behaart sind.
Er ist der einzige *humanpathogene*[16] Vertreter aus der Klasse der **Brandpilze**, was bedeutet, dass er als *Kommensale* auch eine andere Seite haben kann, nämlich eine krankheitsauslösende, die hier verschiedene Formen der Akne auslösen oder Hautpigmentstörungen verursachen kann, wenn eine *Disposition* vorliegt. Diese kann viele Gesichter haben, jedoch handelt es sich stets um massive Störfaktoren der Hautflora und meist löst man diese durch eigenes Zutun aus, etwa durch eine falsche Pflege. - Je schlechter es dem System als Ganzes geht, desto mehr *be-wirken Kommensale* Symptome, -

---

16 **Humanpathogen** bedeutet, dass krankheitsauslösende Trigger für den Menschen bestehen können.

als Warnsignal mit der Aufforderung, das System wieder in seine Ordnung zu verbringen! -
Malassezia-Arten verbreiten sich daher nicht nur auf der Hautoberfläche, sondern bei bestimmten Krankheiten, z.B. *Asthma*, auch auf den Lungen sowie den Mund-Rachen-Nase-Schleimhäuten. Das Thema Pilze ist nur kurz gestreift da sich dahinter eine unergründliche Tiefe aufmacht, die Sinn für den Forscher macht, das landläufige Verständnis jedoch überfordert und die Klarheit des Blicks auf die Funktion des Mechanismus als Ganzen, das schon vielschichtig genug ist, verwässern würde. - Es ist ein interessantes Studium, die einzelnen Bewohner der Haut einmal genauer kennen zu lernen, - sie können einem während des Studiums einiges näherbringen, wenn man ihren *Selbst-Zweck* zu verstehen lernt und wie sie dadurch als gemeinsamer Verbündeter an der natürlichen Ordnung des gesamten Organismus *mitwirken*. Doch der klassische Schutz der überlebenswichtigen *Barriere-Schicht,* setzt sich aus allen Mikroben zusammen. Die heutige Pflege und Lebensführung führt dazu, dass es fast keine *Residente Flora* mehr gibt, die dauerhaft als dermales Milieu die *Barriere-Schicht* aufrechterhält. Das dermale Milieu besteht überwiegend nur noch aus der *Transienten* oder auch *Kontakt Flora*, in der sich neben den vorübergehenden, meist pathogenen Besuchern wie *Pseudomonas-* oder *Enterobakterien, Pilze* und *Viren* sowie toxische Stoffe aus der Umgebung, auch einige Überlebende der natürlichen Hautflora vereinen, - kurzzeitig! -
Ein Teil der *Transienten Flora* ist die *Temporär residente Flora*, eine Zone, in der pathogene Mikroorganismen, wie etwa *Staphylococcus aureus* siedeln, ohne dass sie dabei aber gleich Symptome auslösen. Aus der *Transienten Flora* kommen nur kleine Kolonien, die zwar unangenehm sein können, wenn sie akute Infekte, Juckreiz oder andere Unannehmlichkeiten

bereiten, aber sie sind nicht wirklich gefährlich, da sie den Immunzellen in der *Lederhaut* unterliegen werden. - Anders hingegen die *Temporär residente Flora*, - hier wachsen große Kolonien heran, die erst bei optimaler Stärke zur Kolonialisierung aufbrechen und da sie so gut wie keine natürliche mikrobielle Gegenwehr haben, können sie sich schnell zur *Infektions-Flora* entwickeln.

Das wäre der natürliche Verlauf, wenn *nur* die *Residente Hautflora* von den bakteriziden Stoffen aus der Umgebung und Pflege ausgelöscht würde, was aber nicht der Fall ist. Die unspezifisch freigesetzten Bakteriengifte *be-wirken* den Exitus ALLER Mikroben, - mikrobielle Siedler können sich nur sehr kurzfristig aufhalten, wenn überhaupt und so verlieren die Funktionsschichten der Haut immer mehr an Kraft, da sie nicht mehr benötigt werden. Gifte erledigen nun ihren Job und auch das *Immunsystem I*, das für die kleinen Moleküle wie z.B. Bakterien, Erreger usw. zuständig wäre, hat keine Arbeit mehr. Ein sehr bedenklicher Zustand, denn mit dem Verlust der körpereigenen Funktionskreisläufe, wird man abhängig von Funktionsstoffen und deren Hersteller! - Das ist wie in der Agrarwirtschaft: Man muss Samen von Monsanto kaufen und gleichzeitig auch die Gifte, damit der Samen aufgehen und Erträge bringen kann! - Das Ergebnis, - die Ernte, ist nicht mehr auf die *Qualität* des Bodens angewiesen, da die natürlichen Funktionskreisläufe durch modifiziertes Saatgut und Gift ersetzt wurden! - Der Boden stirbt weiter und irgendwann, wird er nicht mehr fähig sein, noch etwas auf natürliche Weise hervorzubringen. So entsteht eine dauerhafte Abhängigkeit von Saatgut und Gift! - Ebenso ist es mit der Haut und dem Einsatz von Giften! -
Neben dem *Immunsystem I* gibt es auch ein *Immunsystem II* und auch das ist arbeitslos, da es nur für die Abwehr von Würmern *(Vermes)* da ist, die ebenso Opfer der Gift-Biosphäre

sind. Man möchte meinen *Immunsystem I* hätte genug Arbeit mit den vielen Giften, doch gibt es dabei einen Hacken! - Deren molekulares Gewicht liegt unter 2.000 g/mol, womit die leichten Giftstoffe für das *Immunsystem* unsichtbar sind! - Als Vergleich: Das molare Gewicht von Sauerstoff beträgt etwa 1 g/mol und *Acetylsalicylsäure*, der Aspirin Wirkstoff, ca. 180 g/mol. - Dort wo das Immunsystem abbricht, fängt die immunologische Funktion der natürlichen Hautflora an, deren Bewohner sich üblicherweise um die Schadstoffe kümmern. - Nicht umsonst hat die Natur dort *Kommensalen* installiert, - *das Böse, was stets das Gute erschafft*, - weil es sich von dem ernährt, was das Gute nicht verträgt.
Die Giftschwaden in denen wir uns bewegen erschaffen eine sterile Umgebung, wodurch ein mikrobieller Funktionsmechanismus zerstört wird, der das gesamte biologische System *Mensch*, in die natürlichen Wirk- und Anpassungsverläufe bewirkt. - Man bemerkt das mikrobielle Massensterben so gut wie gar nicht, ebenso, wie man das Gift bemerken würde. -
Das Gift wirkt unerkannt und latent, denn der Gifteinsatz, der dank *Unkritischer Mengen* in subjektiver Einzelbeurteilung festgelegt wurde, ist ja völlig bedenkenlos! - Das würde stimmen, wenn nur 1 Produkt auf dem Markt diesen Giftcoctail beinhalten würde, was aber in der Realität völliger Nonsens ist. Will sagen: Die kumulativen Effekte von mehr als 80.000 Kosmetikprodukten auf dem Markt, von den anderen Haushaltsprodukten reden wir vorerst einmal nicht, sowie die Mehrfachverwendung von gifthaltigen *Einzelbeurteilungen*, werden in der Risikobewertung, falls es so eine überhaupt gibt, gar nicht berücksichtigt! -

Käme ein Außerirdischer auf die Welt, um sich hier anzusiedeln, so würde er seinen Besuch auf Erden nicht lange überleben! - Sein Organismus ist nicht dem mikrobiellen Milieu der Erde angepasst, - er ist schutzlos, weshalb ihn die

Mikroorganismen hemmungslos besiedeln können, was zu einem schnellen Exitus führen wird. Damit der Mensch nicht ein ähnliches Schicksal erfährt, passt er sich dem terrestrischen Milieu dauerhaft an, etwa durch eine Grippe Epidemie. Erschafft man sich nun sterile Biosphären, so wird die natürliche Anpassung beeinträchtigt und die Krankheitsverläufe verändern sich. Bei der Gesundung und Anpassung sind ebenfalls Mikroorganismen am *MIT-WIRKEN*. Die haben es in einer sterilen Umgebung aber schwer, genügend große Kolonien zu bilden. Die Gefahr von Gift ist also nicht immer gleich auf den ersten Blick zu sehen und zu spüren, doch immer öfter entstehen Wirkverläufe, mit denen unser Organismus immer weniger gut umgehen kann und die behördlich zugelassenen *Unkritischen Gift-Konzentrationen* tragen zu einer Diversität an Toxinen bei, die bedenkenlos verwendet werden, ohne dass man auch die geringste Ahnung über deren Welchselwirkungen hat! - Was wir heute verwenden wirkt sich morgen aus! - Rückgängig machen kann man nichts, aber man kann aufhören, diesen ganzen toxischen Wahnsinn weiter zu unterstützen, - *mit Euro und Lebensqualität!* -

Daher am besten gleich mit der Kosmetik anfangen, denn bringt man das Organ Haut wieder in seine natürlichen Funktionsabläufe, dann sorgt zumindest schon einmal ein stabiler *Barriere-Schutz* dafür, dass es uns nicht bald so geht wie den Außerirdischen, da wir uns vom terrestrischem System ausgeschlossen haben.

Es gibt, wie schon geschrieben, etwa 1.000 verschiedene Mikroben in der menschlichen Hautflora und jedes Mikrobum hat seine guten, wie auch seine schlechten Seiten, - manche sind Team-Player und bilden Mannschaften, andere Politiker die Staaten bilden und wieder andere tümpeln ganz allein so vor sich hin und dienen ihrem *Selbst-Zweck*, - wie im richtigen Leben. Genauso, wie wir unser Lebensumfeld gestalten, dass wir darin alles vorfinden, was wir zum Leben brauchen, genauso ist es auch in dem biologischen System *Haut*. Es gibt nur einen Unterschied, - die Haut ist großteils darauf angewiesen, was wir ihr für ein Nährstoffangebot andienen. - Da auch die Haut ein *Ernährungsorgan* ist, ist all das, was die Barriere-Schicht durchdringt ein Trigger, der einen *Ursache-Wirk-Verlauf* auslöst, und der *be-wirkt* die <u>gesamte</u> Homöostase. Ob dieser jedoch regenerativ, aufbauend *(anabol)* verläuft, oder aber degenerativ, abbauend *(katabol)* kommt somit auf die *Qualität* dessen an, was zugeführt wird.

Die Haut grenzt das Äußere und das Innere ab, - sie ist ein Grenzgewebe, das über das *Rezeptor-Akzeptor-Prinzip* [17] Stoff und Energie von Außen, in das Innere des Systems bringt. Wie die Hautschichten in ihrer Funktionalität vorhergehend vermuten ließen, ist sie eine fundamentale Basis von Gesundheit die leider viel zu wenig Aufmerksamkeit und artgerechte Pflege erhält. Daran kann man etwas ändern, - jeder einzelne und wenn die Giftindustrie kein Geld mehr verdient, dann wird sie irgendwann aufhören, Gift zu produzieren, - egal, ob es nun behördlich erlaubt ist, oder nicht! -

Wenn man sich eine Lebensweise angewöhnt, die auf *Qualität* und ich sage einmal, *funktionaler Eigenkompetenz* basiert, dann hilft man so den komplexen und gleichzeitig hoch sensiblen biologischen Systemen, wie etwa der Haut am besten dadurch, indem man ihr in bester *Qualität* das zuführt, das ihr aus sich heraus hilft, das System in Ordnung zu halten. Dazu jedoch muss man die Haut sehr genau kennen. Hat man die Kenntnis, dann würde man sich nur noch wundern, was heute alles als Pflege bezeichnet und zugelassen wird! -

---

[17] Das **Donator-Akzeptor-Prinzip** findet sich in chemischen Reaktionen, bei denen ein Teilchen von einem Reaktionspartner *(Donator)* auf den anderen Reaktionspartner *(Akzeptor)* übertragen wird.

WER IST HANS RAUSCH?

Es gibt Menschen, die nicht aus ihrem individuellen Potenzial heraus leben und einen „Titel" vorne anstellen müssen, der in unserer Gesellschaft eine hohe Achtung genießt! – Egal wie unverständlich ein Thema auch ist, wenn der *Dr.* oder *Prof.* sagen, das Ergebnis ist gut, dann glaubt man das! –
Im Grunde sollte das ja auch so sein, denn die *Wissenden* schulden den *Unwissenden* die Hilfe, damit auch diese ins Wissen kommen, - und wenn es nur die Anwendung eines Ergebnisses ist, das man *(noch)* nicht versteht. – Doch die Realität ist anders, - viel zu oft werden die *Titel* dazu missbraucht, um Wissen und Vertrauen zu erzeugen, wo Zweifel angesagt sind. Kurzum, - es gibt viel Wissen und in jedem Wissen ist auch ein Teil Wahrheit, die aber meist so interpretiert, wie es dem Nutzen dahinter dient! –
Kein Wunder also, dass aus einer *halben Wahrheit* niemals *Qualität* hervorgehen kann! – Ich sage den meisten Lesern damit nichts Neues und ich weiß, dass eine Sache ganz groß geschrieben werden muss: **Vertrauen**!

Wie man im vorherigen Kapitel bereits gesehen hat, ist der Aufbau und das Verständnis dafür, wie ein biologisches System funktioniert, nicht so einfach, - dafür aber sehr folgenreich und systemübergreifend, wobei die Wirkung auch vor Unwissenheit nicht Halt macht! - Der *Qualitätsstoff*-Aspekt muss daher in der *Funktionalität* der dargebotenen Produkte liegen, indem man bewertet, wie die Wirkung des Produktes das angestrebte biologische System sowie die Stoffkreisläufe als Ganzes *be-wirkt*. Würde man sich konsequent daranhalten, dann wäre der Markt um schätzungsweise mehr als 90% seiner Produkte ärmer. Das wäre zwar *mager* aber dafür konsequent. Um so eine unliebsame Konsequenz umzusetzen, muss man schon einen sehr guten Grund haben und auf eine Wahrheit bauen können, die stabil ist, wie ein *Fels in der Brandung*.

Wer sich in der Welt die wir erschaffen haben **Vertrauen** und **Wahrheit** leistet, wird sich oft in der Opferrolle wiederfinden und nicht, wie es eigentlich sein sollte, in einer Siegerrolle! - **Vertrauen** und **Wahrheit** müssen daher die treibenden Energien der *Qualitätsstoff-Bewegung* sein!
Welche Unterschiede gäbe es denn sonst? – Nahezu jeder behauptet, *Qualität* anzudienen. – Ob das wirklich so ist, weiß er meist nicht einmal oder will es vielleicht auch gar nicht wissen! – Anstatt von *Wahrheit*, gibt es dann einen Info-Zettel, auf dem die *Wahrheit* steht, - rezitierte Wirkungen, meist aus dem Kontext gerissen, zu spezifischen Stoffen, wie Vitamine, Enzyme, Proteine, Spurenelemente/Mineralstoffe oder Pflanzenstoffe!

All das sagt gar nichts aus, - es wäre in etwa so, wie die Aussage eines Blinden: „Das Bild ist aber schön." –
Die Hersteller und Vertreiber machen das meist gar nicht bewusst, doch sind sie ein mitwirkender Teil in einem Verlauf voller Lug und Trug. Holt man sich z.B. vom Rohstoffhersteller eine Produktanalyse, aus welcher der Nährstoffgehalt abzuleiten wäre, z.B. durch die Angabe der *Extraktrate* oder des Vitamingehaltes bei Verreibungen, dann geht man davon aus, auf das Papier vertrauen zu können und baut die gesamte Produktphilosophie darauf auf.

Nun, - auch die Behörden prüfen meist nur die Papiere und so wird die *Qualität* sowie ihre Konformität, zum „Papierakt".
Für sie ist nur die *Spezifikation* wichtig und dass das, was auf der *Spezi* steht, auch „gesetzlich" legal ist!
Auf dem Papier steht die *Wahrheit*, die vom Zoll sowie den Zualssungs- und Kontrollbehörden gefordert wird und auch

die Konsumenten sind nur mehr auf die ausgegebenen Deklarationen auf dem Papier fixiert. Man liest das Etikett und glaubt zu wissen, was man da hat! -
Doch die Wirklichkeit sieht meist anders aus und nur selten deckt sich das, was auf dem Papier steht, auch tatsächlich mit dem, was im Produkt ist. Das geht übrigens schon bei den Rohstoffherstellern in den Ursprungsländern los, - insbesondere bei Extrakten! – Das Extrahieren von Substanzen ist eine hoch komplexe Wissenschaft, die von den Wenigsten wirklich beherrscht wird. Und genau da kommt nun ein Hans Rausch ins Spiel. Er gehört zu den ganz wenigen Experten, die es vermögen, nahezu jede Substanz aus einem Molekül-Verbund zu extrahieren. Seit vielen Jahren bietet er über sein Sachverständigenbüro Dienstleistungen aller Art zur Erstellung und Prüfung von *Qualitätsstoff*-Produkten an, doch nur Wenige haben davon Kenntnis und noch Weniger haben sie seither genutzt, - nur ganz oben hat man Interesse an *Qualität* und *Wahrheit*, weswegen man Hans Rausch dort als eine Art Kompetenz-Konstante etabliert hat, an der man sich bei wichtigen Entscheidungen ausrichtet.

Er ist es auch den man ruft, wenn Rezepturen nicht „*funktionieren*", um die stoffliche Konformität zu bewerten und die Ursachen für das Versagen zu finden.
Dabei stellt es sich immer wieder heraus, dass die Funktion deshalb nicht eintritt, weil die ausgewiesenen Einzelwirkstoffe, die man aus Extrakten gewinnt, einfach nicht existent waren oder sie waren in einer wirklosen Form vorhanden, weil man mit den falschen Substanzen extrahiert hat.
Andere Fehlerquellen die ich noch benennen möchte beruhen darin, dass man Pflanzen aus einer *Familie* oder *Gattung* mit einer bekannten Wirkung benennt, jedoch die falsche *Art* oder die falschen Teile der Pflanze verarbeitet.

Die Wirkstoffkonzentrationen sind **arten-** und **pflanzenteilspezifisch**. Beispiel: *Baldrian*! –
Er hilft bei Schlafstörungen und bringt innere Ruhe, was dem hohen Anteil an Begleitkomponenten der *Valeriansäure,* nicht aber den *Valepotriaten* allein zu danken ist, - es ist das Zusammenspiel aller Wirkstoffe aus der *Baldrianwurzel*.
Dieses einzigartige Zusammenspiel findet man aber nur bei *Valeriana (Gattung) officinalis (Art)*; - nun gibt es aber ca. 250 unterschiedliche *Arten* in dieser **Gattung**, die auch *Baldrian* heißen, jedoch *artenspezifisch* eine andere Stoffzusammensetzung aufweisen, die zu einer anderen, oder gar keiner Wirkung führt. Wer mit Pflanzen, deren Extrakten oder aus ihnen hergestellte Tinkturen arbeitet, sollte sich sehr gut damit auskennen, wenn er Sinnvolles bewirken möchte.

Nicht umsonst werden Schamanen von Kindesbeinen in die Pflanzenkunde *(Ethno-Botanik)* eingeführt, wodurch sie nicht nur lernen den Geist *(Signatur)* der Pflanze wahrzunehmen, sondern auch, wie man mit natürlichen Mitteln, bestimmte Substanzen, für bestimmte Anwendungen zubereitet. Einen *Qualitätsextrakt* zuzubereiten ist nicht einfach: Kraut in den Krug, heißes Wasser drauf, ziehen lassen und abseihen, - so einfach ist das leider nicht. – Hans Rausch betont immer wieder, dass die Pflanzenstoffe der Pflanze als Fraßschutz dienen, weswegen sie hoch aktiv sind und meist als fertige Metaboliten wirksam in den Organismus kommen. Das heißt, sie *be-wirken* etwas und so ist es von größter Wichtigkeit, das, was *Be-wirkt*, auch in seiner wirkaktiven Reinstform, samt seiner Nebenstoffe aus dem Pflanzensystem zu extrahieren! - Die Nebenstoffe, die man gerne außen vorlässt, tragen dazu bei, dass sie die *be-wirkenden* Pflanzenstoffe aktivieren, in ihrer Arbeit unterstützen und danach dafür sorgen, dass sich diese Stoffe auch wieder abbauen. Man darf Pflanzenstoffe nicht unterschätzen, - sie sind überaus potent und wenn man

Fehler bei der Gewinnung oder Zubereitung macht, kann das durchaus negative Folgen für die Gesundheit haben! -
Es gibt bei der Zubereitung eine ganze Menge zu beachten, wie z.b. die Temperatur oder die *Qualität* des Wassers, die Reihenfolge der Zugabe von *Drogen*[18] wenn es sich um ein *Compilat*[19] handelt, - zeitlich wie auch substanziell, - Tageszeit der Ernte von *Drogen* als auch die Zubereitung dieser, wobei es auch noch den Mond bzw. Sonnenstand zu beachten gilt, und je nach Wirkstoff ist zu unterscheiden, ob es ein Dunkel- oder ein Sonnenauszug werden soll wobei auch die Dauer des Ansatzes eine große Rolle spielt. Und es gibt noch vieles weitere mehr, was zu beachten wäre, wenn man die Kraft der Natur heilvoll nutzen möchte. –

Da natürliche *Qualitätsstoff-Quellen* im Fokus der Aufmerksamkeit antreiben, werden insbesondere Natursubstanzen in Anwendung gebracht, weswegen es schon von Vorteil ist, Rat bei einem so hochqualifizierten und international erfahrenen Experten wie Hans Rausch dies ist, zu erhalten.
Mit seiner Grundlagenarbeit zur *Functional Cosmetic,* hat Hans Rausch inspiriert, eine vollkommen neuartig gelagerte Kosmetik zu erschaffen, die einen *Qualitäts*-Aspekt anspricht, der heute leider schon fast vergessen ist.

Es gibt eine Unmenge von Fehlerquellen und je mehr man am natürlichen Ursprung herumspielt, desto weniger bleibt die natürliche Ordnung erhalten. – Warum also die ganze Spielerei? – *Qualität* ist perfekt, so wie sie von den natürlichen Systemen erzeugt wird und man muss nur Wege finden, diese *Qualität zu ernten,* um sie sinnvoll nutzen zu können!

---

[18] Unter **Drogen** versteht man sämtliche Wirkstoffhaltigen Pflanzen sowie deren Teile, die verarbeitet werden.
[19] Als **Compilat** bezeichnet man die Zusammenstellung einer Rezeptur aus mehreren unterschiedlichen Bestandteilen (z.B. Wurzel, Blätter, Früchte, …).

Obwohl ich schon lange ein sehr großes Interesse für das Thema Kosmetik hege, weil sie eben einen wichtigen Part für die Gesundheit als Ganzes spielt, hat es sich jedoch über eine lange Zeit nicht ergeben, eine Kosmetik zu formulieren, die den Rahmen sprengt und dem Ur-Bedürfnis Rechnung trägt. Mit Hans Rausch ist endlich ein Forscher aus dem Bereich der Naturwissenschaften gefunden, der Kompetenz und Mut hat, sich der Wahrheit zu verschreiben, diese auch kundtut und dabei hilft, Alternativen zu erschaffen, um *Qualitätsstoff* zu fördern! – Ich glaubte nach so langer Zeit ehrlich gesagt nicht mehr daran, einen solchen Menschen zu finden und hatte dem Thema Kosmetik, bis zum Zusammentreffen mit Hans Rausch keine weitere Beachtung mehr geschenkt.

Mein theoretisches Wissen zeigte mir zwar Dinge, die es bei der Herstellung einer effizienten Kosmetik zu fördern und zu unterlassen gilt! - Das aber war nicht genug, denn man muss vor allem Wissen, wie man an die Roh- und Wirkstoffe in aktiver Reinstform gelangt und wie man eine Kosmetikbasis erzeugt, welche der Haut quasi nach dem *„Schlüssel-Schloss-Prinzip"* die Wirkstoffe liefert, die zum Aufbau und zur Aufrechterhaltung der Autoregulation des Systems *Haut* vonnöten sind! -

Da ich dieses Wissen samt der Möglichkeit es umzusetzen nicht hatte, habe ich es bis dato unterlassen, nur eine „theoretisch" funktionierende Kosmetik zu unterstützen. - Probleme, egal welcher Art, sind immer Wirkungen aus Unwissenheit heraus, mit denen man erneut Ursachen setzt! - Im weiteren Verlauf werden wir den katastrophalen Folgen der *Unwissenheit* in Ursache und Wirkung begegnen, um das *angeblich* Gute zu erkennen, was das Schlechte hervorbringt! Erst über die kompetente Anleitung von Hans Rausch gelang es, die kausalen Zusammenhänge verstehen zu können, doch könnten diese ohne sein Praxiswissen nur schwer umgesetzt werden! - Ist schon seltsam, denn Hans Rausch ist in der Top-Elite der internationalen Sachverständigen und niemand kam bisher auf die Idee, mit ihm eine *Qualitätsstoff*-Kosmetik zu kreieren? - Aus welchen Gründen auch immer dies unterlassen wird, die Rechnung dafür zahlt der Verbraucher, - nicht nur mit Euro, sondern mit seiner Gesundheit!

Eigentlich hatte ich ganz andere Sachen im Kopf als mich Anfang des Jahres 2016 ein alter Freund nach Jahren anrief, um mir eine *Wunder-Creme* vorzustellen. Ich ließ mich darauf ein, schaute mir alles an, probierte aus und half meinen Freunden, bei ihren geplanten Taten. Irgendwann fing alles an, eine Eigendynamik zu entwickeln und so wuchs meine Aufmerksamkeit, denn es ergaben sich viele Fragen, die überraschende Antworten nach sich zogen. Ein Schritt führte zum Nächsten und bis ich mich versah, saß ich dem Hans Rausch gegenüber. Ich war ganz angetan von seinem Wissen und Schaffen, was mich dazu einlud, ein altes Vorhaben zu realisieren, nämlich eine Kosmetik zu fördern, welche die Basis jeder Wirkung im System Haut *be-wirkt*, um damit neue Wirkverläufe zu ermöglichen die all das heilen können, wozu die klassische Symptomarbeit nicht in der Lage ist. - Für mich ist es eine **Autoregulativ-Kosmetik**, wohingegen Hans Rausch einen anderen Namen verwendet, nämlich **Functional Cosmetic**, womit aber das gleiche gemeint ist.

Ich lernte einen offenen aber durch Wissen kritischen Menschen kennen, den das Leben gelehrt hat, Unvereinbarkeiten nicht in der Konfrontation zu überwinden.
Etwas als unvereinbar zu akzeptieren und lassen zu können, führt zu inneren Frieden und erhabener Integrität, die keines *Titels* bedarf! – Der Hans Rausch ist ein Paradebeispiel dafür und je länger ich mit ihm zu tun habe, umso mehr wächst

mein Respekt und meine Achtung vor ihm. Durch ihn spiegelt sich der *Qualitätsaspekt* in jeder Form des Zusammen-Wirkens und Hans spricht die Sprache der Menschen, - jeder kann ihn verstehen und man kann von ihm Dinge erfahren, die nur sehr, sehr wenige Menschen wissen.
Erstmals haben wir im Jahr 2016 begonnen, einen *Dialog-Vortrag* zu machen, der eine ganz neue *Qualität* der Informationsvermittlung war. - Nur selten habe ich einen so lebendigen Vortrag von einem weltweit führenden Fachwissenschaftler erlebt. Hans hat eine Gabe dafür, hoch komplexe Zusammenhänge, in eine simple verbale Formulierung zu bringen, so dass die Wirkung auch vom Laien verstanden werden kann. - Vielen der Teilnehmer ging es nach dem Vortrag wie mir. Der gemeinsame Tenor: *Wenn ich **den** in Chemie gehabt hätte, dann hätte ich das auch verstanden ....*

Menschen, die nach *Qualität* streben, suchen Wahrheit und sie suchen einen Menschen, dem sie Vertrauen schenken können, wenn die Wahrheit größer wird, als ihr Verständnis!
– Das ist ein wichtiger Halt für die Menschen, denen von allen Seiten *Vertrauen* und *Wahrheit* angeboten wird.

Bitte verstehen sie mich nicht falsch, - ich möchte nichts bewerten, - ich benenne nur Missstände, deren Wirkung es ist, die zu den heutigen Problemen führen, - egal ob Gesundheit oder Naturschutz, - alles ist miteinander verbunden und jede fehlerhafte Ursache führt stets zu einer negativen Wirkung. Meine Intention ist daher nicht zu beklagen, sondern etwas zu tun, was richtig und stimmig ist.
Auf den Staat kann man sich nicht verlassen und wenn man von Insidern erzählt bekommt, was dort in den Gremien so abläuft, oder was in den behördlichen Verwaltungsstrukturen getrieben wird, dann wird eines ganz deutlich:
Man muss für *Qualitätsstoff* selbst aktiv werden!

Hans Rausch ist daher ein essentieller *Qualitätsstoff-Knotenpunkt*, aus dem *Qualität* im Sinne von *Naturkonformität* entstehen und validiert werden kann, was keine behördliche Auflage ist, sondern eine freiwillige für all diejenigen, die ihren Fokus auf *Qualitätsstoff* und das Wohle ihrer Kunden ausgerichtet haben.

Sein privatwirtschaftliches Unternehmen in Neu-Ulm, die *Phytochem® Referenzsubstanzen GbRmbH*, ist weltweit in den höchsten Gremien aktiv, wo man Hans Rausch auch kennt und ihn im höchsten Maße schätzt.
Dort wird u.a. das Testverfahren vorgenommen, das im positiven Fall mit dem **Senso Check®** verifiziert wird und ich hoffe sehr, dass sich viele *Qualitätsstoff*-Hersteller finden werden, welche diesen einzigartigen Dienst an der *Qualität* auch in Anspruch nehmen, zumal es heute sehr schwer ist, ein wirklich ehrliches *Qualitätsstoff*-Testat zu erhalten. Würde man sämtliche Produkte auf dem Markt nach den Kriterien des **Senso Check®** bewerten, so blieben wahrscheinlich weniger als **5%** davon übrig! -

Da Hans Rausch einer der Wenigen ist, die Sein und Schein durchdringen können, haben die Regierungsvertreter von Korea, Japan und China ihn offiziell bestellt, um die *Qualität* für sämtliche Präparate der *Traditionellen Chinesischen Medizin (TCM)* inkl. der japanischen *KAMPO Phytomedizin* sowie auch der koreanischen „*Oriental Medicine*" auf der internationalen Ebene durch Schaffung neuer ISO-Normen als führender Experte zu definieren!

Das sind „*Strippenzieher*" und „*Wegbereiter*" auf höchster Ebene und ich könnte ein Buch mit Referenzen füllen, welche die Kompetenz von Hans Rausch unterstreichen. Er ist nicht nur auf internationaler Ebene federführend „beratend" tätig, sondern z.B. auch für das bayerische Staatsministerium für Wirtschaft und seit über 20 Jahren auch für das bayerische Staatsministerium für Wissenschaft im Bereich der Übertragung technologischer Entwicklungen bayerischer Hochschulen in innovative Technologie-Unternehmens-Gründungen.

Abb.: Anlässlich *First Japan-Germany Joint Symposium on Kampo Medicine and Acupuncture at the 18th International Congress of Oriental Medicine 2016*

(Okinawa/Japan)

Von links – rechts: *Prof. Dr. Kenny Kuchta* (National Institute of Health Sciences Ministry of Health), - *Prof. Dr. med. Silke Cameron* (Uni-Klinik Göttingen, Abt. Gastroenterologie/Gastrointestinale, einzige Fachärztin f. Kampo Medicine an Deutschen Uni-Kliniken, Mgl. d. deutschen ISO TCM), - **Hans Rausch** und *Prof. Dr. Bernd Kostner* (Universität Wien, Zentrum für ganzheitliche Medizin).

Man holt Hans Rausch, wenn die Experten aus Politik, Industrie und Wissenschaft nicht mehr weiterwissen oder man die Wahrheit sucht, die man vor lauter Lügen aus dem Fokus verloren hat. - Oh ja, gerade in den Gremien der Macht ist die Lüge Alltag und so ist Hans Rausch einer der ganz Wenigen, die für die Wahrheit bezahlt und nicht gejagt werden!

Davon abgesehen, sollte man ihn lieber nicht jagen, denn leicht wird man dadurch zum Gejagten! – Hans Rausch ist kein theoretischer Chemiker, - er lebt die Chemie! –

Wir sind oft beisammengesessen und Hans erzählte aus seinem Leben und was man mit Chemie denn so alles anfangen kann, wenn man sie nicht nur versteht, sondern die zugrundeliegenden Naturgesetze auch aktiv nutzt. Aus Sicht des Chemikers bietet jede normal ausgestattete Küche alles, um damit einen Kleinkrieg anzufangen, - es explodieren und fürchterlich stinken zu lassen. -

Durch die Begegnung mit Hans Rausch wurde mir auch klar, dass Zufälle, wie sie sich hier aneinanderreihten, ein mehr als deutliches Zeichen von *Synchronizität* sind, was einfach gesagt bedeutet, dass sich hier etwas in der Materie kondensieren will! − Mit Hans Rausch kommt der richtige Mann zur richtigen Zeit, denn das, was wahrhaftiger *Qualitätsstoff* dringend benötig, ist genau das, wofür Hans Rausch weltweit als einzigartiger Spezialist gilt: Die Erstellung von *Maß-Einheiten*, z.b. für *Qualitätsstoffparameter,* sowie die Analytik, wenn es darum geht, stoffliche Konformitätstests zu erstellen! − Er hat sich in diesem Bereich derart spezialisiert, dass er eingeschaltet wird, um z.b. Stoffe zu finden, die keiner sonst feststellen kann, obwohl sie da sind. Daher konsultieren ihn nicht nur Behörden *(z.b. Rauschgiftfahndung)* mit Sonderaufgaben, sondern auch Entwicklungsabteilungen großer Pharma-Firmen, deren Forscher nicht mehr weiterkommen.

Insbesondere was die Herstellung von Extrakten angeht, so gehört Hans, wie schon geschrieben, zu den weltweit führenden Experten! − Gerade Extrakte sind ein ganz besonderes Thema. Um sie verfahrenstechnisch, selektiv gewinnen zu können, ist ein immenses Wissen erforderlich, wie es nicht viele auf der Welt haben! −
Um so präzise wie Hans arbeiten zu können, benötigt man ein extrem gutes phytochemisches Wissen, das man erst dann

*(bio-)*chemisch nutzen kann, wenn man das zugrunde liegende *lebendige System* erkennt, dessen Mechanismen man benutzt, um daraus etwas zu entnehmen oder zu ergänzen. Zur Umsetzung benötigt es auch eines Labors und auch da würde man bleich vor Neid werden, denn das Phytochem-Institut bietet alles, von Gaschromatographie bis hin zum Elektronenrastermikroskop, wenn es z.b. darum geht, Isotope zu bestimmen, mit denen man natürliche und unnatürliche Teile eines Testobjektes unterscheiden kann! - Es ist eine Seltenheit, ein privates Sachverständigenunternehmen mit einer so guten Ausstattung zu finden, was hier aber möglich ist, weil neben der Sachverständigentätigkeit das Phytochem Institut auch sehr intensiv in der innovativen Forschung und Entwicklung tätig ist.

Als Biologe, der in der Natur lebendige Abläufe sieht und keine linearen, mechanistischen Systeme, erkennt er die Kybernetik des Systems und kommt so zu einem Denken, das versucht, stets die Ursache zu erkennen, aus welcher ein *Wirkverlauf* entsteht, auf dem die *„Mechaniker"* lukrativ aber erfolglos herumpfuschen. Um wirklich etwas nachhaltig zum *Positiven be-wirken* zu können, muss man immer auf die *polykausale Ebene* abzielen, um dort eine monokausale Veränderung zu BE-WIRKEN! – Ein signifikantes Merkmal von wahrhafter *Qualität* sind daher die *„Wirkstoffe"*, um es vorweg zu nehmen.

Nur Wirkstoffe, die an der Ursache **be-wirken,** sind sinnvoll und bringen echte Veränderung, weil sie den *Wirkverlauf* verändern und nicht die *Ergebnisse* des *Wirkverlaufes*.
Die anderen, die *Pseudo-Wirkstoffe* wie Hans sie auch nennt, zerfallen in Nebenprodukte, aus denen die bekannten Neben- und Wechselwirkungen auftreten können.

Funktionale Wirkstoffe hingegen *be-wirken* nur die Basis und führen somit zur Veränderung des gesamten Wirkverlaufes! – Sie dienen der Basis auch als Nähr- oder Hilfsstoffe. Wahre *Qualitätsstoffe*, hinterlassen bei ihrem Abbau nichts, was die Ordnung stören könnte, - im Gegenteil, - sie sind ein Teil der Ordnung und der Grad der Ordnung ist die Ursache für die *Be-Wirkung* aus denen veränderte Wirkverläufe entstehen. -

Ein Schaubild soll dies verdeutlichen, denn ......

Die stete Beständigkeit der Wirkung setzt eine proportionierte stete Beständigkeit der Ursache voraus.
Adam Smith

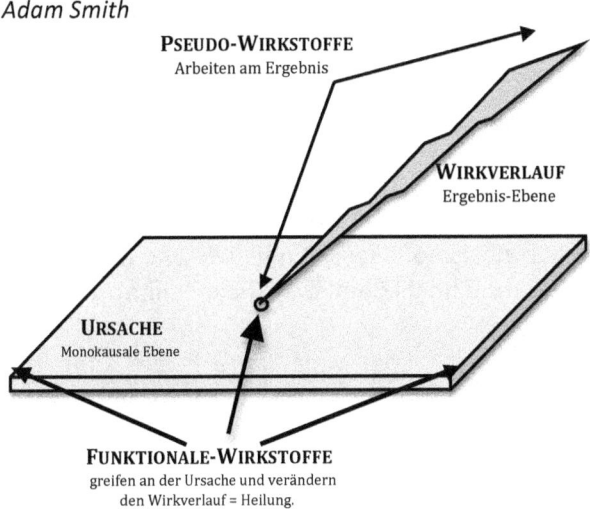

Die Ursache muss man jedoch erst einmal finden, um dann einen Zugang zur Basis zu haben, auf der sie fußt, was ein völlig anderes Denken voraussetzt, das man sich nur über viele Jahre in der Praxis erwerben kann! –

Qualitätsstoffe muss man erfahren, denn sie vermitteln ein besonderes Gefühl, dem man Achtung schenken sollte. Kommt man immer häufiger in den Genuss von *Qualitätsstoff*, so stellt sich das innere System auch immer mehr auf die neuen Ordnungsparameter der *Qualitätsstoffe* ein, was bewirkt, dass man immer deutlicher anhand seiner Wahrnehmung eine Bewertung treffen kann. – Doch bis dahin gibt es noch viel zu tun, denn gerade zu Beginn ist es sehr wichtig, dass eine verlässliche *Qualitätsstoff*-Prüfung, verbunden mit möglichst wenig Aufwand und Kosten, als *Qualitäts*-Filter für das Angebot installiert wird.

Und ehe ich diesen Gedanken laut vor Hans ausgesprochen habe, legte er mir seinen **Senso Check®** vor, den er bereits im Jahr 2003 entwickelt hatte, samt Eintragung ins Markenregister.

Ich bin jetzt schon seit gut 30 Jahren am Marktgeschehen beteiligt und konnte leider nie Ideen umsetzen, die andere Wirkverläufe aus einer monokausalen *Be-wirkung* hervorbringen, weil mir das dazu hochkomplexe Wissen fehlte.

Mein Mentor, der mich über viele Jahre in die komplexe Kybernetik unseres biologischen Systems eingeführt hatte, war ebenfalls eine namenlose *graue* Fachkompetenz.
Als Trainer für das Top-Management der Pharmaindustrie, zog er die Anonymität vor. Aber auch er gehörte zu den Wenigen, die ganz spezifische Extraktverfahren durchführen konnten und so erzeugte er aus ganz normaler frischer und unbehandelter Milch, einen natürlichen *Tranquilizer* durch ein Extraktionsverfahren, das aus der Milch nur ein winziges *Peptid* (*Alpha-S1-Casein*) extrahierte, das in entsprechender Menge zu tiefer Ruhe und Schlaf verhalf. - Schon damals konnte ich erstaunt feststellen was alles möglich war, jedoch

wachsen die wenigen Genies, die das auch noch umzusetzen vermögen, nicht gerade an den Bäumen und vor allem muss man sich selbst gut auskennen, um die *Qualität* des Wissens erkennen zu können! -
Durch die fach- und sachverständige Begleitung von Hans Rausch, haben sich viele Mosaik-Steinchen zusammengefügt, die nun eine neue Wahrnehmung ermöglichen, aus der ein ebenfalls neuer *Qualitätsstoff-Aspekt* entsteht.
Der *Senso Check®* ist eine Basis, auf der alles fußt denn er ist die *Qualitätsstoff*-Firewall, der gerade am Anfang einer neuen Ausrichtung dringend benötigt wird.

Nur Produkte, die .....

... *vollkommen ungiftig für Mensch und Natur sind*
... *aus natürlichen Systemen entstehen,*
... *eine hohe Vitalstoffdichte aufweisen*
... *Wirkstoffkonformität erfüllen,*
... *natur- und artgerechte Haltung sowie Umgang, usw. .....*

... bekommen den *Senso Check®*

Senso Check® ist unter Reg.-No. 39863516 als Wortmarke im Waren-/Dienstleistungsverzeichnis mit folgendem Wortlaut eingetragen:

„Biochemische Spezialprodukte zur Analytik für gewerbliche, wissenschaftliche, land-, garten- und forstwirtschaftliche und private Zwecke, nämlich Substanzen, Lösungen und Testkits zum Nachweis bestimmter Stoffe durch Reaktion bei Kontakt mit diesen Stoffen, vorgenannte Produkte nicht zum Test von

sensorischen Systemen von Lebewesen und nicht für Geschmacks- und Geruchsprüfungen; -............ . Dienstleistungsmessungen, Begutachtungen und Beratungen in den Bereichen Chemie, Biologie, Pharmazeutik, Kosmetik, Lebensmittel, Umwelt, insbesondere Entwicklung, Herstellung und Vermarktung von Testverfahren unter Verwendung von Substanzen zum Nachweis bestimmter Stoffe durch Reaktion bei Kontakt mit diesen Stoffen. ....

Der Nachweis sowie eine zuverlässige *Qualitätsstoff-*Sicherung, sind somit möglich, sofern man das möchte, wobei die **Only One®** Autoregulativ-Kosmetik seit dem Tage der Eintragung *(2003),* das weltweit **erste** *Zertifikat* dieses Prüfverfahrens erhält! -

Heutzutage fehlt uns sowohl das Gefühl, als auch das Wissen zu wahrhafter *Qualität* und so darf man diesen *Qualitäts-Test* nicht geringschätzen, da er weit ab vom gelebten *Usus* des Handelsgeschehens liegt. Das heute real existierende *Qualitäts*-Bewusstsein wird durch sinnliche Trigger über die Werbung und durch qualitätsfremde Inhalte erzeugt. *Qualität* ist nur noch ein oberflächlicher Begriff, der sich am propagandierten *Schein* ausrichtet und nicht mehr am wahren *Sein!* - Und man hat sich daran gewöhnt, - an die Top-*Qualität* zum *kleinen* Preis! -

Besonders in der Kosmetik ist *Qualität* eine immense Marktlücke, die aus Unwissenheit*(?)* Stoffe zum Einsatz bringt, die alles andere als *Qualität* erzeugen! - Aus internen Studien konnte ich erfahren, dass es wissenschaftliche Papers gibt, die belegen, dass die bestehenden Kosmetikprodukte mit ihren bedenklichen Inhaltsstoffen einen nicht unerheblichen Anteil am schlechten Status der Volksgesundheit haben, wodurch deutlich zu erkennen ist, wie gefährlich Unwissenheit sein kann, - insbesondere wenn damit einige Wenige zu großem Vermögen kommen, das gemäß der bestehenden Doktrin jedoch zur Vernichtung von *Qualität* verwendet wird und nicht zum Aufbau!

Aus diesem Grunde sollte Hans Rausch vorgestellt werden, da ich weiß, dass es viele Menschen gibt die Interesse daran haben, einen ehrlichen *Qualitätsstoff*-Handel zu betreiben und so wie auch mir, geht es ihnen ebenso, dass sie nämlich alleine dastehen. Viele gute Ideen brauchen manchmal einen Helfer, welcher die Idee über den Tellerrand hinauswachsen lässt, wodurch bester *Qualitätsstoff* entsteht.

Da Hans Rausch im Zuge seiner gutachterlichen Arbeiten im In- und Ausland stark frequentiert ist, kann man über die Firma P4M GmbH - *(Plant for Med GmbH)*, die ebenfalls in Neu-Ulm ansässig ist, den ersten Schritt zu mehr *Qualität* machen. Da *Qualitätsstoff*-Anforderungen sehr individuell sind, gilt es ein *Qualitätsprofil* zu ermitteln, um es verfahrenstechnisch zur Testierung oder für Entwicklungen zu verwenden.
Die wissenschaftliche Leitung in der P4M hat Frau Fleur Dransfeld *(Bachelor of Science)*, die eng mit Hans Rausch zusammenarbeitet. Ihr sind auch die Ausarbeitungen der marktüblichen Hilfsstoffe in Kosmetika zu danken, die mir als Grundlage zum Einstieg in dieses Thema dienten.

Auch Herstellungsverfahren und Kleinherstellungen werden hier entwickelt und durchgeführt, was besonders für kleinere Unternehmen interessant ist, die sich leichter in eine *Qualitätsstoff*-Infrastruktur bringen können, als Großunternehmen dies zu tun vermögen. Außerdem besteht bei Großunternehmen anscheinend kein Bedarf an *Qualitätsstoff*-Bewertungen, da man hier in erster Linie auf die Ökonomie setzt. Im weiteren Verlauf werden wir die Mechanismen erkennen, welche die Großindustrie antreibt. Außer dem *Qualitätsstoff*-Test vom Hans Rausch gäbe es ja schon Testierungsverfahren, - z.B. die elektrochemische Untersuchung nach Prof. Hoffmann oder die Bio-Photonen Testierungen von F. A. Popp, jedoch hat man Bestehendes nicht genutzt und so stellt sich die Frage, warum nun einen weiteren *Qualitätsstoff*-Test nutzen, auch wenn er neu ist? - Die konsequente Einhaltung von *Qualitäts*-Parametern zieht sich durch den gesamten Prozess der Produktentstehung, - vom Anbau bis zur Ernte und Verarbeitung, was der Güte eines jüdischen **Koscher Siegels** entspricht, sofern sauber gearbeitet wird, was am Ende mit dem **Senso Check®** testiert wird. Das sind Anforderungen, auf welche die Großindustrie nicht ausgerichtet ist, weshalb hier in erster Linie, Klein- und Mittelstands-Unternehmen angesprochen sind.

Qualität ist nicht grenzenlos, - sie ist beschränkt und individuell, weswegen sie nur in dezentralen Strukturen gehandelt werden kann! - Mit der *P4M* als vorgelagerte Beratungsfirma für *Qualitätsstoffe*, kann man *Qualitätsstoffe* für alle Bereiche des Lebens entwickeln, mit all den Basis-Papieren, die man zur Inverkehrbringung benötigt. Im Falle der **Only One®** Autoregulativ Kosmetik wurden z.B. die Sicherheitsdatenblätter erstellt, womit man seiner *„kaufmännischen Sorgfaltspflich*t" genüge geleistet hat.

Auf eine behördliche Zulassung wurde bei der **Only One®** Kosmetik verzichtet, denn warum soll man bei einer Behörde *Qualitätsstoffe* zulassen, die sich darauf spezialisiert hat, mit ihren Behördenvorschriften den *Qualitätsstoff* zu zerstören? - Eigenverantwortung ist gefragt, die man jedoch nur dann umsetzen kann, wenn man sich gegen den Auflagenkatalog der Behörden hinreichend abgesichert hat, was mit den

Sicherheitsdatenblättern, die im Zuge der Produktentwicklung und Testierung erstellt wurden, der Fall ist. Alleine der Akt zur Erstellung der Sicherheitsdatenblätter ist für die meisten Kleinunternehmen ein sehr kompliziertes Unterfangen, das am Ende auch noch eine Menge Euros kostet, - meist mehr als man sich leisten kann, worin sich die industrielle Wettbewerbsregulation wiederfindet, die mit einem unnötigen Zulassungswahn den Markt der Anbieter selektiert! -

Mit Hans Rausch, der Phytochem, sowie den daran geschlossenen Beratungsunternehmen wird es leicht möglich, konsequente *Qualitäts*-Kreisläufe herzustellen, die es ermöglichen, aus den qualitätsfeindlichen Mechanismen auszusteigen, wobei man gutachterliche Lösungen konstruiert hat, die das möglich machen, woran man als Einzelner scheitern würde.
Die *P4M* wurde ins Leben gerufen, da Hans Rausch als internationaler Experte nur wenig Zeit hat und die Zeit die er einzubringen vermag, ist nicht billig. Daher wurden Kosten dahingehend gespart, dass man in der Beratungsfirma die Obligas der Zulassung oder Neuentwicklung erstellt und Hans Rausch somit nur noch wenig Zeit aufzuwenden hat, diese abzuschließen, - denn Qualität darf kein Privileg werden!

Ich kenne den Markt nun schon sehr lange und hatte daher mit vielen Gutachtern zu tun, die Testate und Lösungen zu einzelnen Bereichen des Handelsgeschehens abdeckten.
Viel zu oft habe ich mir anhören müssen, was alles **nicht geht!** Hans Rausch ist da eine Ausnahme, denn er konzentriert sich darauf, was geht und wie man was umsetzen kann, ohne dass man mit dem Gesetz in Konflikt kommt, was sehr wichtig ist, da die staatlichen Verordnungen inzwischen mit dem Strafgesetzbuch durchgesetzt werden, - vorbei sind die Zeiten von *Ordnungswidrigkeiten,* wobei meist das, was gesund ist

verboten wird und das, was schadet und die *Qualität* zerstört, ist erlaubt und wird gefördert! -
Das lässt sich jedoch niemals mit wahrhafter *Qualität* vereinbaren, weswegen man aufgefordert ist, eigenverantwortlich zu handeln. Möglich ist dies nur dann, wenn man auf einer rechtlich sicheren Basis steht. Da Hans Rausch auch die interne behördliche Struktur kennt sowie die verwaltungsrechtlichen Obligas, kann man somit eine auf das Produkt angemessene Individual-Lösung erarbeiten, mit der man sicher in den *Qualitätsstoff*-Handel einsteigen kann.
Hans Rausch spielt dabei eine Interessante Gutachter-Rolle. Er ist zwar nicht *akkreditiert*[20], jedoch gibt es kaum eine Instanz, die seine Gutachten in Abrede zu stellen vermag und die, die es tatsächlich tun, werden an seiner Fach-Kompetenz scheitern und es damit im Vorfeld tunlichst unterlassen, sich zu blamieren! - Dadurch dass er nicht akkreditiert ist, hat er natürlich einen erweiterten Handlungsspielraum, nicht nur in Bezug auf seine Gutachten, die auch die Norm sprengen können, sondern auch in Bezug auf seiner Kompetenz-Leistungen wie Rezeptur-Entwicklung, Validierung von Herstellungsverfahren oder zur Erschaffung von Normen für Qualitäts-Abläufe und Bewertungen, sowie vieles mehr.

Die *Qualitätsstoff*-Bewertung bezieht sich bei weitem nicht nur auf Kosmetik, - auch Nahrung, Anbau- oder Verarbeitungsmethoden oder Extraktherstellungen und vieles weitere mehr, sind im Servicekatalog enthalten.
Alles was bei Hans Rausch zu bekommen ist, dient dem Wohle der *Qualität* und wer bereit ist diesen neuen Weg zu gehen, der findet im Hans Rausch und seinem Kompetenz-Team die perfekten Reisebegleiter!

---

[20] So bezeichnet man die Gutachter, die im Sinne des Staates legitimiert sind zu handeln und zu bewerten. Akkreditierung bedeutet somit ein privates Unternehmen im Staatsdienst.

ONLY ONE® - BRÜCKE ZUR QUALITÄT

Erst wenn man die Süße der Freiheit gekostet hat, erkennt man, wie lange man den üblen Geschmack der Unfreiheit genießen musste.

Jetzt werden bestimmt viele Menschen gerne wissen wollen, warum etwas so Großes wie *Qualität*, ausgerechnet mit etwas so *trivialen* wie „*Kosmetik*" beginnt? – Hierfür gibt es gleich mehrere gute Gründe und die vorbezeichneten Ausführungen zur Haut und ihren Funktionen sollten dies unterstreichen. Um es ganz klar zu sagen, - die *Only One®* Kosmetik ist derzeit eine der ganz wenigen giftfreien Kosmetika am Markt, - sehen wir einmal von den Kosmetika aus der Eigenherstellung ab.
Die Giftfreiheit ist ein exponierter *Qualitätsstoffaspekt*, - ein anderer hingegen ist die „*funktionelle Pflege*", wie Hans Rausch das beschreibt. Das bedeutet, dass Kosmetika sehr wohl eine *Be-Wirkung* haben, nämlich in Bezug auf den Ordnungsaspekt der ursächlichen oder monokausalen Basis. Übrigens sind alle Pflanzenextrakte in *Only One®* aus eigener und komplett überwachter Herstellung! – Deshalb wirken sie auch! – Sie versorgen das Organ *Haut*, unter Einbezug aller dort etablierten Systeme *(mikrobielles Milieu, pH- und biochemische Konformität, ...)*, insbesondere mit einer hautkonformen Fettsäure-Matrix.

Das führt zu wahren *Wunderwirkungen*, die in Wirklichkeit aber nur das konsequente Resultat einer funktionierenden Selbstorganisation des Haut-Systems sind! – Da man nun auf einer monokausalen Ebene *be-wirkt*, wirkt sich das auf alle Disharmonien, die im System *Haut* auftreten können, aus.
Im Falle des *Chili-Balm's* wird die Exklusivität der *Only One®*

Functional Healthcare am offenkundigsten. Der Balm wirkt nämlich nur deshalb so gut, weil er den Wirkstoffen als *dermaler Carrier* dient. – Dieser *Carrier* transportiert einen Wirkstoff-Mix, in unserem Fall einen Wirkkomplex natürlicher Chili-Sekundärstoffe, die mit dem *Scharfmacher Capsaicin* vergesellschaftet sind, direkt an der Quelle des Übels, - z.B. an einen *getriggerten* Nervenzellrezeptor.

Dadurch wird eine schnelle und nachhaltige Wirkung möglich, wie man selbst bei allen Formen von Verspannungsschmerzen, u.a. auch Kopfschmerzen, merken kann.

Schmerz ist das Resultat von ungerichteten *Signalkaskaden* auf einer Nervenbahn, hervorgerufen durch mechanische oder chemische „Reizungen". Werden bei einer Verletzung Zellen zerstört, gelangen die Zellbruchstücke sowie zelleigene „Chemikalien" an die Nervenrezeptoren und *be-wirken* dort einen Schmerzimpuls, der kurz oder langanhaltend sein kann. Die Selbstheilung des Körpers ist aber unter „Schmerzbedingungen" massiv eingeschränkt, so dass nur dann eine schnelle und nachhaltige „Reparatur" stattfindet, wenn der Schmerz abgeklungen ist. Diese linearen Abläufe im biologischen System Mensch muss man in Ursache und Wirkung kennen, da man sonst im Wirkverlauf mit *Pseudo-Wirkstoffen* lediglich die Weiterleitung des Schmerzimpulses blockiert, anstatt die Entstehung der Ursache zu beheben, - die Zerfallsstoffe!

Die Pharma-Industrie würde gigantische Summen für derlei natürliche *Carrier* ausgeben, weil *Carrier* sehr spezifisch und selten sind und so greifen sie auf die wenigen *Carrier*-Alternativen der Nano-Technologie zurück, die einen großen Nachteil haben: Sie gehen rein, aber nur mehr schlecht oder gar nicht mehr wieder raus, aus dem Körper. - Lauter *illegale Einwanderer* mit unbekannter Zielrichtung; - fast ist man versucht, dies als „*Merkel-Prinzip*" zu benennen! -

Weder der Organismus, noch der Stoff- und Wasserkreislauf samt allem was darin enthaltenen ist, kennen derlei Nano-Substanzen und können damit auch nicht umgehen, - es gibt keine natürlichen Abbauwege: - Noch nicht, denn entstehen im Laufe der Zeit „kritische Kumulierungen", dann wird die Natur sich schon etwas einfallen lassen und man muss sich fragen: *Wie werden wir damit leben können?* -

Mit **Only One®** ist nicht nur eine *Creme* benannt, - es handelt sich dabei um höchst entwickelte Bio-Technologie, der beste *Qualität* in Form von Stoff- und Wissensanwendung zugrunde liegt, bei der solche Nebenerscheinungen erst gar nicht auftreten können! –

Na, - wäre das nicht ein Markt-Hit! – Wenn ich mir jetzt so überlege, dass Menschen z.B. für 100 ml kräuterbenetztes Wasser mit viel Vitamin C versetzt, stolze 80 Euro ausgeben, dann könnte man das für eine *„Functional-Care Creme"* mit derartigen Leistungsmerkmalen ebenso verlangen. Aber auch im freien Handelsverkehr wäre eine *„Functional-Care Creme"* mit Anti-Aging Eigenschaften die sogar einer Verkürzung der *Teleomere*[21] vorbeugt, der Renner.
Ich möchte damit nur andeuten, dass die Entwicklung der **Only One®** *Functional Care Components,* die ich auch als „Autoregulativ-Kosmetik" bezeichne, nicht geringgeschätzt werden darf, da die Forschung und Entwicklung dahinter normalerweise nur von großen Konzernen zu schultern gewesen wäre! – Dank Hans Rausch, konnte diese Hürde bereits gemeistert werden, wofür ihm großer Dank gebührt.

---

[21] **Telomere** bei der Replikation. Mit jeder Zellteilung werden die Telomere verkürzt, da die DNA-Polymerase am Folgestrang nicht mehr ansetzen kann. Unterschreitet die Telomerlänge ein kritisches Minimum von circa 4 kbp, kann sich die Zelle nicht mehr weiter teilen = Alterung, Zerfall.

Die *Großen* haben kein Interesse an *Qualitäts*-Produkten, - viel zu teuer und zu aufwendig in der Herstellung, - hier geht es nicht um sinnvolle *Qualitäts*-Pflege, sondern um maximalen Kapitalertrag, - also niedere Herstellungskosten und maximale Margen durch eine vielschichtige Marketing-Struktur! - Nur in die Werbung wird richtig investiert, und das ist auch dringend nötig, denn keiner handelt ohne den nötigen Trigger freiwillig gegen sich und die Natur und fühlt sich auch noch „gut" dabei! – Wenn alle immer denselben Fehler wiederholen, wird er dadurch natürlich nicht richtig, aber, - hat man ihn oft genug wiederholt, dann wird das *Falsche* irgendwann *Richtig* und das *Richtige* wird *Falsch*! –

Qualität hingegen spricht für sich selbst und daher braucht *Qualität* keine Werbung *(!)*, denn sie ist immer nur begrenzt, lokal, wie auch temporär, - verfügbar, und kann über *zentrale Strukturen* nicht gehandelt werden. Sie unterliegt damit dem *Qualitäts*-Wachstum, was bedeutet, dass die Expansion nur langsam erfolgen kann, da die begrenzten *Qualitäts*-Rohstoffe sowie auch die aufwendige *Qualitäts*-Arbeit, eine nach oben begrenzte Ressource sind. Da *Qualität* als Ursache, auch stets *Qualität* zur Wirkung hat, geht man mit *Qualitäts*-Produkten kein Risiko ein, da die *Qualität* nicht in laxen Versprechen vorliegt, sondern als Ergebnis, das *be-wirkt* was der **Senso Check®** verifiziert! Mit *Qualität* verändert sich ALLES und je mehr Menschen in *Qualität* investieren, desto mehr wird man sich vom Zentralismus als Basis der Qualitätszerstörung entfernen! - Am sinnvollsten wäre es, wenn die Menschen ab sofort darauf verzichten, sich von den *Mainstream-Medien verhexen zu lassen*. – Die Unfreiheit des Menschen zeigt sich nun daran, welche Argumentationen er nun finden wird, um sich weiter darin täuschen zu lassen. Irgendeinen Sinn wird man immer finden, - das ist nicht die Frage, - aber: ist der Sinn den man sich erdichtet für einen selbst, - für das individuelle

Sosein, - oder ist der Sinn vielmehr darin zu finden, in Massen Entscheidungen für wesensfremde Inhalte zu *er-wirken*? - *Zu-Stimmen* heißt *Mit-Wirken* und ....

*wer sich **unterhalten** lässt, der lässt sich UNTEN **halten**!*

Man sollte lernen, sich eine eigene Meinung zu bilden und sich nicht willenlos den Aussagen unterwerfen, die mehr die Sinnlichkeit, als das *Qualitäts*-Bewusstsein ansprechen, wodurch der *Qualitätsaspekt* verzerrt wird. Mit Sinnlichkeiten zu werben heißt von vornherein, subjektive Werte und Sehnsüchte anzusprechen, nach denen jeder strebt, um sie mit einem Produkt in einen gemeinsamen Konsens zu bringen.

Wer nur mit Sehnsüchten arbeitet, erzeugt Mangeldenken und in letzter Konsequenz Enttäuschung, denn egal wie viel Creme man sich auch auf die Haut schmiert, man wird immer das bleiben was man ist und nicht zu dem werden, mit dem man zum Kauf gelockt wird.

So werden Produktbezüge hergestellt, welche den Fokus auf den eigenen Mangel richten und nicht auf die *Qualität* des Inhaltes eines Produktes, - ganz davon abgesehen ist es wettbewerbsrechtlich bedenklich, wenn man *Qualitätsaspekte* auslobt, die gar nicht vorhanden sind. Schweres Thema, denn nur vorgegebene Stoffbezüge *(Health Claims)* dürfen dazu verwendet werden, so dass man schon von Gesetzeswegen dazu gezwungen wird, nur einen Teil der Wahrheit ausloben zu dürfen. Hier muss man jedoch Verständnis haben, denn würde das nicht reglementiert sein, dann würde es nur noch *Wundermittel* geben, die alles können. Natürlich gibt es auch viele Anbieter, die keine schlechten Intentionen hegen, doch müssen sie, wie alle anderen auch, mit den vorgegebenen Wahrheiten einiger Weniger arbeiten und wenn man keine Eigenkompetenz besitzt, die unabhängig von der Meinung anderer macht, sollte man sehr kritisch mit

Informationen umgehen. Um *Qualität* erkenntlich zu machen, ist ein Standard nötig, den es noch nicht gibt und der frei von behördlichen Zwängen, auf freiwilliger Basis, zur *Qualitäts-Sicherung* einzuhalten ist. - Der ***Senso Check®***.

Er sollte als ein Trigger verstanden werden, der zu neuen *Qualitäts*-Denkweisen und Werten führen kann. - Nicht um des *Mammon* Willens, sondern um des *Leben* Willens!
Seit gut 30 Jahren beschäftige ich mich mit den negativen Auswirkungen und ich weiß inzwischen, dass es für Menschen schwer ist, sich zu verändern. Doch genau diese Veränderung ist es, die Heil und Segen bringt. Auch hier gilt das gleiche Prinzip wie bei der ***Only One®*** Kosmetik, - an der Basis wirken, und so muss man den Menschen etwas geben, einen *Trigger*, der ihnen eine neue Erfahrungen schenkt die *Aha-Erlebnisse* auslösen, durch welche sie näher an eine bislang verschleierte Wahrheit gelangen. Positive Erfahrungen erleichtern es, sich zu öffnen, - man wird offen für Neues um Altes zu verändern.

Als Mentaltrainer lege ich großen Wert darauf, dass der Mensch eine eigene, möglichst objektive Erfahrung macht, die ohne manipulative Aussagen *(Wirkversprechen)* behaftet oder mit visuellen Sinnesreizen *(z.B. Idole)* versehen sind, die dem Betrachter ja nur eine „*Rosarote Brille*" verpassen.
Nur wer sich eine eigene Meinung bildet, kann dieser auch treu bleiben! – Das wäre schließlich nicht von Nachteil, wenn man sich nachhaltig ausrichtet.

Die ***Only One®*** Kosmetik ist ein optimaler *Trigger*, denn jeder wäscht sich den Körper oder die Haare und pflegt sich und hat daher mit großer Wahrscheinlichkeit ein gut ausgebildetes Gefühl für das entwickelt, was er schon immer verwendet.
Also beste Voraussetzungen, um eine veränderte Erfahrung auch wahrnehmen zu können.

In der <u>Anwendung</u> wird man die Einzigartigkeit ganz von selbst merken, oder auch nicht. Ein *Trigger* wie dieser nötigt einem keine Entscheidung auf, sondern verbringt zu einer neuen Erfahrung, aus der heraus man selbst entscheidet.
All das sind nicht zu unterschätzende *Qualitäts*-Aspekte und sie werden zu Veränderungen führen, denn sie lassen Fragen entstehen, führen zu Hindernissen und daher gleichzeitig zu neuen Wegen. Ein Beispiel hierfür ist z.b. die Produktion der **Only One®** Kosmetik. Da sie vollkommen giftfrei ist, ist sie nur ein halbes Jahr haltbar. So wurde nicht versucht, die Haltbarkeit zu verlängern, was zu *Qualitätsverlust* führen würde, - man hat sich für die best mögliche Verpackung entschieden, die nicht unerheblich für die Haltbarkeit ist.

Auch die Produktion wurde an den Bedarf angepasst, was bedeutet, dass man nachfrageorientiert in kurzen Abständen und in kleinen, bzw. generell variablen Chargen, herstellt.
Das sind *Horror-Vorgaben* für eine *Massenproduktion* aber die Erfordernisse einer *Qualitäts-Bedarfsproduktion*. - **Quantität** vs. **Qualität**! -

Dass die **Only One®** Kosmetik somit über dem bekannten Preis-Niveau liegt, bedingt hauptsächlich der Aufwand in der Produktion. *Qualität* kann eben nur aus *Qualität* bestehen!
Sämtliche Extrakte werden selbst hergestellt, was nur möglich ist, weil mit Hans Rausch ein Experte für *Qualität* arbeitet, der *Qualität* zu seinem Beruf gemacht hat.
Sämtliche Naturingredienzien werden aus *Qualitätsanbau* bezogen, - <u>frisch</u> und <u>nach Bedarf</u> verarbeitet, denn für die Herstellung dürfen nur geeignete Zutaten verwendet werden, - *Qualität* ist konsequent und ohne Kompromisse.
Alles ist also in ständiger *Fluktuation* und lässt sich mit starrer Projektplanung nicht mehr umsetzen.

Da fällt mir wieder der *Albert Einstein* ein, der einmal sagte ...
der Dumme braucht die Ordnung,
das Genie beherrscht das Chaos!

Irgendwie paradox: Chaos als *Qualitätsparameter*, - oder vielleicht besser, - die Fähigkeit mit Chaos umzugehen.
Eines der wichtigsten kosmischen Grundgesetzte ist die Zunahme der Unordnung *(Entropie)*, die einer *Gleichschaltung* oder linearen Normierung entgegensteht. - Der Umgang mit *Qualitätsstoffen* wird mit Veränderungen einhergehen. Da es dazu noch keine Infrastruktur gibt, muss man den Mut haben, einfach mal neue Wege zu gehen und, - auch mal einen Fehler zu riskieren, denn ....

Erfolg macht uns stark,
Fehler menschlich!

Nicht zu vergessen, die Herstellung und Konvektion aus Manufaktur *(lat. manus - die Hand u. facere - machen)*, wo der Fehlerteufel am liebsten zuschlägt. Wo Menschen arbeiten, da werden auch Fehler gemacht, doch wo kommen Fehler in der normierten Industrieproduktion her? -
Die *Steiner'schen Lehren*[22] verbringen uns in die liebevolle und konzentrierte Aufmerksamkeit dessen, was man gerade tut. Auch wenn man nicht daran glaubt, das hat Auswirkungen, denn auch die *Aufmerksamkeit* und die *Intention* mit der man etwas macht, sind geistige *Qualitätsfaktoren*, die *mitwirken*.

Der italienische Physiker und Senator auf Lebenszeit, **Carlo Rubbia**, erhielt 1984 den Nobelpreis für Physik, da er den

---

[22] https://de.wikipedia.org/wiki/Biologisch-dynamische_Landwirtschaft

experimentellen Nachweis der drei *Bosonen*[23], *W+, Z* und *W-,* erbrachte. Sie sind die Initiatoren der *elektrisch schwachen Felder,* die das *Schwere Licht* bringen, das man als *schwache neutrale Strömungen* bezeichnet. Man weiß, dass es diese initialen Teilchen gibt, insbesondere die *Z-Bosonen,* welche Ursache und Wirkung von Harmonie und Gleichgewicht sind. *Bosonen*[24] haben nur eine sehr kurze Lebenszeit und kommen aus weitestgehend unbekannten Quellen, doch eine Quelle kennt man: ***Das*** *(nicht-denkende)* ***Gehirn!*** -
Indem man seine Aufmerksamkeit konzentriert, verbringt man sich damit in die quantenphysikalische *Super-Position,* was bedeutet, dass aus der *weißen Substanz des Gehirns Bosonen,* insbesondere *Z-Bosonen* hervorgehen, welche den Elektronen Spin *be-wirken* und das führt zu Veränderungen in der Materie. Somit ist die Aufmerksamkeit des Menschen ein weiterer, heute leider jedoch meist unbeachteter Aspekt von *Qualitätsstoff,* der seine fundamentale Bedeutung auf vielen Ebenen zeigt.

Der inzwischen verstorbene Wasserforscher, *Masaru Emoto,* hat anhand seiner Wasserkristallbilder bewiesen, dass es menschliche Gedankenfelder sind, die das Wasser strukturieren! Besonders Wasser ist wegen seiner physikalischen Eigenschaften das zentrale Medium für den Elektronen Tausch und Transport in der Materie und da es sich nach dem Elektronen Spin strukturiert, reagiert es sehr sensibel auf die *Be-Wirkung* der *Bosonen!* - Naja, und da Kosmetik zu einem Großteil aus

---

[23] **Bosonen** sind alle Teilchen, die sich gemäß der Bose-Einstein-Statistik verhalten, in der z. B. alle Teilchen eines Ensembles den gleichen Zustand einnehmen können (Synchronizität).

[24] Im Standardmodell der Teilchenphysik vermitteln Bosonen als Elementarteilchen die Kräfte zwischen den Fermionen, wie z. B. das Photon als Überträger der elektromagnetischen Kraft. Auch das hypothetische Graviton als Träger der Gravitation ist ein Boson, sowie das Higgs-Boson, das den Teilchen ihre Masse verleiht.

Wasser besteht, liegt es doch nahe, dass die geistige Aktivität einen unbeachteten *Qualitätsfaktor* darstellt. - Wie mag der wohl aussehen, wenn Menschen in China z.b. zu Dumpinglöhnen, herz- und bezugslose Arbeiten verrichten, deren Charakter nur auf einseitiges Nehmen gerichtet ist. Seelenlose Abfüllstrassen hingegen leiden an Gedankenarmut. Dafür haben sie reichlich *E-Smog* aus den technischen Feldern der Maschinen zu bieten, die sich deutlich auf die vibrationale und strukturelle Ordnung des Wassers auswirken, zumal die chemische *Qualität* meist auch noch sehr schlecht ist! – Es ist heute einfach, *Qualität* zu zerstören, wohingegen es sehr schwer ist, *Qualität* zu erschaffen. – Versuchen sie doch mal, in einer *Fast-Food* Küche, ein *Qualitäts*-Essen zu kochen! – *Viel Erfolg dabei* .... .

Qualitätsstoffzubereitung bedeutet viele einzelne Arbeitsgänge sowie Wartezeiten und auch der bedarfsgerechte Bezug sowie der Umgang mit Naturrohstoffen, darf nicht unterschätzt werden! – Alles Kostenfaktoren, die profitorientierte Unternehmen „*eingespart*" haben, - durch Zugabe billiger Gifte, die zu einer folgenreichen Zerstörung von *Qualität* und Leben führen. So war die Intention zu **Only One®**, damit einen Raum zu erschaffen, der frei macht von gemachten Fehlern, die bereits als erkannt gelten.

Damit man mit *Wenig*, möglichst *Viel* erreicht, wurden zum Start sieben Produkte aufgestellt, die ein erstes fundamentales Basis-Sortiment darstellen. Es bringt ja schließlich nicht viel, wenn man giftfreie Körperwäsche aber gifthaltige Haarwäsche betreibt! – Oder soll man sich nach giftfreier Körper- und Haarwäsche, dann eine gifthaltige Lotion auftragen. – Oder, - wie bekommt man *dermale* Alltags-Probleme giftfrei in den Griff? -

Ein Großteil der täglichen Themen ist mit dem Start Angebot abgedeckt und eine Expansion wird nach Maßgabe erfolgen. Kleine Hersteller können halt nur kleine Schritte machen! - Natürlich schreibe ich bezüglich der **Only One®** aus eigenen Erfahrungen, denn ich kann nichts dienen, von dem ich nicht voll überzeugt bin und als ich immer tiefer und tiefer in das Thema eingestiegen bin, kam ich mit soviel unbekannten Fakten in Berührung, dass es mir zur stillen Pflicht wurde, dieses *Qualitäts*-Kleinod anzuschieben, damit daraus eine *Qualitätsstoff*-Bewegung werden kann, die aus meiner Sicht dringend erforderlich ist. Die fein aufeinander abgestimmten natürlichen Wirkverläufe der *Haut* haben doch verdeutlicht, wie sensibel und doch immens flexibel die Autoregulations-Systeme unseres biologischen Systems miteinander verbunden sind und wie wichtig es ist, ihnen eine artgerechte, - systemkonforme Pflege anzudienen. All die Probleme, die wir heute haben und uns darüber den Kopf zermürben, kommen doch nur daher, weil es inzwischen keine *Qualität* mehr gibt welche geeignet wäre, die biologischen Systeme *zu bewirken*; - egal ob im Körper oder der Natur! - Ich entschloss mich also das Risiko einzugehen, neuen Lösungen zu dienen, denn alles sollte von *Qualität* durchdrungen sein, weswegen man nichts so machen sollte, wie es üblicherweise gemacht wird.

Wie sinnvoll kann es sein, sich freiwillig immer wieder der Versuchung auszusetzen, sich genussvoll und wohlriechend zugrunde zu richten? - Man darf ruhig davon ausgehen, dass nahezu ALLE Produkte, - insbesondere Kosmetikprodukte, die gleich näher beleuchtet werden, mehr schaden als nutzen.
Indem man derlei Produkte kauft, ermächtig man die Erzeuger nicht nur dazu, so weiter zu machen, - man finanziert auch noch ihre Expansion damit. Ein kranker Wirkverlauf, in dem schwerlich *Qualität* in irgendeiner Form

zu finden sein wird. - Klar, - viele wissen, dass das „Zeug" in der Kosmetik nicht gut ist, doch keiner scheint zu wissen, wie schädlich das „Zeug" wirklich ist. Im Wissenschaftsteam um Hans Rausch hat Fleur Dransfeld *(Bachelor of Science)*, das „Zeug" aufgeklärt, damit man einmal weiß, was man sich antut, wenn man sich damit *pflegt!*
Es gibt genügend Referenzen, dass alles voller Gift und *Qualitätstod* ist. Aus Insiderkreisen weiß ich von aktuellen internationalen Studien, die auch schon eine kurze Zeit veröffentlicht waren, nun aber auf dem *Index* stehen und aufs schärfste dementiert werden. Aus ihnen geht hervor, dass die Gifte in kosmetischen Artikeln im Verdacht stehen, ein kausaler Auslöser von Krankheiten zu sein! –
Dabei müssen sie nicht unbedingt nur toxischer Natur sein, - um schädlich zu sein reicht es doch schon aus, wenn die natürlichen Wirkmechanismen ge- bzw. zerstört werden.

Alle, – und damit meine ich die Verantwortlichen in Politik, Wissenschaft und Industrie, wissen um die schädliche Wirkung der Stoffe, die sie ja selbst entwickelt, zugelassen und erlaubt haben und sie kennen die erwähnten Studien, die im Grunde auch nicht neu sind und dennoch lassen sie es zu, dass wir uns und die Umwelt jeden Tag damit zerstören! –
Eine Lüge zu schützen und zu fördern ist dumm, - aber wie soll man das bezeichnen, wenn die Lüge eine tödliche Wahrheit verdrängt?

Lesen Sie nun in welchem Umfang das Gift in der Kosmetik in und um uns wirkt. -

Gift in den Händen eines Weisen ist ein Heilmittel.
Ein Heilmittel in den Händen des Toren ist Gift.
Giacomo Casanova

Biowaffe: Kosmetik

Es gibt Bewegungen und Mechanismen in unserer Gesellschaft, die völlig unverständlich und unvereinbar mit einer artgerechten Lebensweise sind und dennoch gibt es sie.
Da sind die Einen, die dies bestimmen und diejenigen, die alles mitmachen! Weil man blind und stumm glaubt und nur noch über Sinne zugänglich ist, hat man das eigene Gefühl für das, was stimmig ist, verloren.
Außerdem, - es gibt wichtigeres, als Kosmetik, z.B. wie finanziere ich meinen nächsten Urlaub, - welchen Genuss gönne ich mir nach der schweren Arbeit jeden Tag, ...
Dabei bleibt man an der Oberfläche verhaften und erkennt nicht mehr die Folgen, die aus dieser Ignoranz hervorgehen!
Ich möchte daher gerne *Gautama Buddha (564 v.Chr.)* zitieren, der es auf den Punkt bringt:

Glaubt nicht an irgendwelche Überlieferungen,
nur weil sie für lange Zeit in vielen Ländern Gültigkeit besessen haben.
Glaubt nicht an etwas, nur, weil es viele dauernd wiederholen.
Akzeptiert nichts, nur, weil es ein anderer gesagt hat, weil es auf der Autorität eines Weisen beruht oder weil es in einer heiligen Schrift geschrieben steht.
Glaubt nichts, nur, weil es wahrscheinlich ist.
Glaubt nicht an Einbildungen und Visionen,
die ihr für gottgegeben haltet.
Glaubt nichts, nur, weil die Autorität eines Lehrers oder Priesters dahintersteht.

<u>Glaubt an das</u>, was ihr durch lange Prüfung als richtig erkannt habt, was sich mit eurem Wohlergehen und dem anderer vereinbaren lässt.

Das erfordert ein hohes Maß an Eigenverantwortung, die gleichsam die kausale Medizin für *ALLE* Erkrankungen ist, denn der bestehende Status Quo entsteht genau daraus, dass man andere ermächtigt, die eigene Verantwortung zu tragen.
Damit unterwirft man sich kritiklos und konkludent den Entscheidungen, die andere **für** einen übernommen haben.
Die Missstände, die ich nun aufführe, zeigen das dringende Erfordernis auf, die Verantwortung wieder selbst zu tragen!

Dazu muss man niemanden um Erlaubnis fragen, denn es ist das Geburtsrecht eines jeden *Menschen*, sein eigenes Leben zu leben und ebenso, seine eigenen Entscheidungen zu fällen, nach denen er leben will. -
Immerhin muss man auch die Konsequenzen tragen für all das, für was man selbst entschieden hat. Die *Hermetischen Lehren* manifestieren das im *2. Gesetz: Ursache und Wirkung!* –

Du bist für all das verantwortlich,
was du getan hast
und auch für das,
was du _nicht_ getan hast!

Die Entsprechung dazu heißt, - wer zusieht macht sich ebenso schuldig wie derjenige, der handelt. – *Unwissenheit* ist nicht dasselbe wie *Unschuld* und die Schuld bleibt auch dann, wenn man sich im „Nicht-Wissen-Wollen" versteckt. – Wer den Kopf in den Boden steckt, entblößt dafür sein Hinterteil und wer immer in der Herde läuft, der sieht nur Hinterteile vor sich.

Wegsehen macht die Schwachen stark! – Es sind nämlich nicht die wenigen „*Bösen*", welche *Qualität* zerstören und Gift fördern, sondern die vielen „*Guten*", die dabei mitmachen!

Das macht es der Veränderung natürlich schwer, denn der Mensch, durch den sie entstehen sollte, ist in die Gefangenschaft geführt worden und nun muss er daraus ausbrechen, obwohl er sich an den Komfort der Gefangenschaft gewöhnt hat und diesen sogar als erhaltungswürdig befindet! - Besser gesagt, er hat sich willenlos in die Gefangenschaft *führen lassen* und emsig gelernt, sich darin frei zu fühlen! –
Ein Verdrängungsmechanismus, der bei den Menschen der heutigen Zeit stark am Wirken ist und welcher der *Qualität,* in und um den Menschen herum, entgegensteht.

Aus dieser Rolle heraus, kommen Äußerungen, wie, - *„das ist halt so",* oder, *„das war immer schon so"* usw. und so verhindert man auf sehr effiziente Art und Weise, dass sich Dinge verändern. Betrachten sie doch einmal, wie viele Dinge man den ganzen Tag macht, weil *man das eben so macht.*
Die Schmerzgrenze ist bei den meisten Menschen sehr hoch, - es muss schon etwas wirklich Gravierendes geschehen, dass die Bereitschaft für Bewegung entsteht! – Ist es daher ein Gesetz der Evolution, dass notwendige Veränderungen immer erst dann erfolgen, wenn der Untergang kurz bevorsteht? -
Ist der Mensch wirklich nur noch fähig auf extreme Signale zu reagieren, - erst aus einem immensen Leidensdruck heraus das Engagement zu entwickeln, sich zu retten? - Vielleicht kommen aber auch erst aus dem bevorstehenden Untergangsszenario die initialen Impulse sowie die Bereitschaft für neue Lösungswege, oder wäre man schon zuvor in der Lage, durch ein an sich verändertes Bewusstsein, zu einer feineren Wahrnehmung zu gelangen, mit der man auch ohne Leidens-druck den Eintritt in eine artgerechte Evolution schaffen könnte? - Eine *ALLES* betreffende Frage, die nun jeder *EINZELNE* als Teil des Ganzen, selbst zu treffen hat.

Das Krankheitsverhalten macht es uns schön deutlich, denn *JEDE* Krankheit beginnt mit einer *Befindlichkeitsstörung*, die man sich rational schönredet *(z.B. Wetter, Stress, ...)*, weil man das Gefühl zur Basis verloren hat. Erst wenn der Verlauf, der mit der Befindlichkeitsstörung seinen Anfang genommen hat, zu massiven körperlichen Wirkungen kommt, fängt man an, wahrzunehmen, - doch wartet man nun erstmal ab bis der Schmerz eintritt, der dann die notwendigen Schritte initiiert.
Die Energie-*Qualität* dieses Denkens *be-wirkt* dann, dass man nun versucht, sich mit Gift, das die Symptome stumm macht, zu heilen; - ein Widerspruch in sich selbst, der zwar meist unerkannt, jedoch nicht ohne Folgen bleibt.

Wir haben gelernt, so lange durchzuhalten, bis es nicht mehr anders geht. Wenn wir uns dann mit der Ursache auseinandersetzen, zu der uns die Versäumnisse bringen, - nachdem wir sie ja nicht mehr fühlen können, - sehen wir uns mit Unvereinbarkeiten konfrontiert und neigen dann in die Rolle des Opfers zu schlüpfen! – Als Opfer ermächtigt man aber seine Täter. - Ein Teufelskreislauf, aus dem man nur ausbrechen kann, wenn man bereit ist, bereits auf die Befindlichkeitsstörung zu agieren, indem man sich in seinem Denken, Fühlen und Tun so verändert, dass alles wieder in Harmonie kommen kann, - selbstbestimmt im Handeln und eigenverantwortlich im Denken und Entscheiden. Meist verbringt man sich selbst in spannungsgeladene Unvereinbarkeiten, weil man nicht bei sich anfangen will, *Ganz* und *Heil* zu werden, - man will das, was man an sich nicht bereit ist zu tun, an der Welt und den Mitmenschen umsetzen!

Der Narr tut, was er nicht lassen kann,
der Weise lässt, was er nicht tun kann!

Dazu werden nun Fakten angesprochen, die den Schmerz hervorbringen, der verdrängt wird und der Schmerz ist groß, denn die *Qualitätszerstörung* ist bereits soweit fortgeschritten, dass es nun um die weitere Existenz der *Spezies Mensch* geht! – Irgendwann wird eine *kritische Masse* an Zerstörung erzeugt, an der eine Umkehr unmöglich wird, der sog. POINT OF NO RETURN! Die Natur, die uns hervorbringt wird weiter existieren, doch stellt sich die Frage, ob der Mensch in der veränderten Natur noch leben kann? – Er hat sich aus einer bestehenden Naturumgebung entwickelt, die er nun verändert hat und leider ist *Qualität* darin nur sehr schwer zu finden! - Es ist schon *nach Zwölf* und jede weitere Minute arbeitet gegen das Leben, wie wir es kennen und wie wir es brauchen, um artgerecht existieren zu können. – Die Fehler der Vergangenheit sind die Chancen der Zukunft, sofern man aufhört, sie weitermachen! -

Starten wir nun unsere *Odyssee* durch die Pflegeprodukte und ihre Stoffe, die man sich jeden Tag verabreicht und gewöhnen wir uns dabei das *Wundern* ab! - Man kann sich nur wundern, wenn man nicht weiß, und wer ins Wissen kommt fängt damit an, sich über nichts mehr zu wundern. -
Was finden wir denn nun so in einem Kosmetikprodukt. Die Giftliste ist sehr lang, - mehr als **4.000** biologisch bedenkliche Stoffe(!) - und so können nicht alle Stoffe aufgeführt werden, insbesondere die, die man in der „*dekorativen Kosmetik*" verwendet. - Es werden lediglich die Substanzen aufgeführt, die am häufigsten verwendet werden, und glauben sie mir, es reicht vollkommen aus den Grundcharakter einiger Zutaten zu kennen, um den Charakter des Ganzen zu verstehen.
Die Zutatenliste ist in einer quantitativen Abstufung gehalten. Der größte Anteil steht am Anfang und da ist meist *Wasser* zu finden.

Aqua (Wasser) – hochwertige Cremes enthalten nicht einfach Wasser, sondern *(Di-)* Destillate, Quellwasser, abgekochtes, verwirbeltes, strukturiertes oder kolloidales Silberwasser, da *Qualitäts*-Wasser als Hauptingredienz einen großen Beitrag zur Stabilität leistet. Bei billigen Produkten entfällt dies, da man ja toxische Konservierungsstoffe verwendet, - warum also mehr für Wasser ausgeben, als nötig? – Hier gibt es noch viele Möglichkeiten, wie z.B. die Zubereitung mit Redox- oder Sauerstoff-Wasser. Wasser steht als Urarchetyp für Leben, da es ohne Wasser kein Leben geben kann. - *Qualitätsdenken* berücksichtigt diesen Umstand. Die Lebensgrundlage gleicht dem Nährboden, auf den der Samen zu seiner Entfaltung gegeben wird. – Selbsterklärend, dass gute Früchte nur einem guten Nährboden entspringen können! –

Auch Wasser wird im Zuge der Weiterführung dieser Buchreihe, *Wege zur Gesundheit*, noch ein eigenes Thema werden, denn auch dort tragen Gifte und Halbwahrheiten zur *Qualitätsvernichtung* bei. - Als Grundlage für Pflegeprodukte hat Wasser einen sehr *funktionalen* Charakter, da jede Form von Wasser bestimmte Charakter-, bzw. Wirk-Eigenschaften hat, die es mit der Funktionalität des Pflegeproduktes in Einklang zu bringen gilt.

Wie wichtig Wasser für den *Qualitätsaspekt* ist, soll deutlich werden, wenn wir zu verstehen beginnen, dass Wasser, insbesondere die Ionen- und Molekülbewegung darin eine fundamentale Rolle im Ganzen spielen. Zur Stabilisierung dienen z.B. hoch reine Wässer wie Destillate oder Osmose-Wässer, die aber den Nachteil haben, dass sie elektronenarm *(sauer)* sind, was sich auf die chemischen Bindungsprozesse auswirkt. Positiv sind sie, weil sie nahe am Haut-pH liegen. Verwendet man ein *Anolyth* aus der Wasser-Elektrolyse, dann kann man den *pH* an das Hautmilieu anpassen. Gleichzeitig hat das

„saure Wasser" eine sehr starke bakterizide und antiseptische Wirkung. Im Gegensatz zu einem *nicht-selektiven* Bakterizid, ist das Anolyth *zellkonform polarisiert* und zerstört daher nur schädliche *Anaerobier (pathogene Mikroorganismen)*.
Nur das Anolyth als Haut-*Spray*, wäre schon eine effiziente Hautpflege, ebenso sein Gegenspieler, das *Katolyth (Base)*, welches durch Elektrophorese-Wirkung die Gefäße öffnet und Gewebe lockert. Diese Eigenschaft eignet sich hervorragend z.B. für ein Deo. Schon beim Austritt neutralisiert die Base die sauren Gifte, die den geruchsbildenden Bakterien als Nahrung dienen. Sie regt den Lymph-Fluss und die *glatte Muskulatur*[25] an, was Entgiftung und Entschlackung fördert.
Das verhindert u.a. auch die Entstehung von Besenreißern und macht Krampfadern oder Narbengewebe wieder weich.
Zudem hat die *Base* sehr stark emulgierende Eigenschaften, was den Verzicht, bzw. die Reduzierung weiterer Emulgatoren ermöglicht. - *Alles nur Wasser.* -

Jetzt einmal kurz einen Blick auf die funktionalen Eigenschaften, die an der Basis eine *be-wirkende* Rolle spielen. - Beim Wasser sind dies viele Parameter.

Die *hexagonalen* Strukturen im Wasser sind z.B. wichtig für die Funktionalität der Proteine im Körper! -
Damit ist die *Qualität* des Wassers in struktureller Hinsicht ein kausaler Indikator der Protein-Biosynthese! -
Die Matrix, die den Körper zusammenhält, besteht aus sog. *Wasserstoffbrücken*. Über sie läuft alles, - die gesamte Kommunikation, sowie die energetische Umsetzung von Licht zu Bio-Energie. Damit stabile Wasserstoffbrücken entstehen

---

[25] Die **glatte Muskulatur** ist ein kontraktiler Gewebetyp, - eine nicht willkürlich steuerbare *Muskulatur*, die durch ihr Wirken unter anderem die Anspannung und Form der inneren Organe beeinflusst, z.B. den Lymph-Fluss.

können, benötigt der Organismus *Aktiv-Wasser (Base oder OHminus-Ionen).* -

Für die Zelle ist *Aktiv-Wasser* der Initiator der Membranspannung, die wiederum Grundlage des Zellstoffwechsels ist.
Es gibt noch viel über Wasser zu erzählen und überall finden wir es beim *Be-wirken* der Ursachen-Ebene.
Zudem erfüllt Wasser alle Voraussetzungen, um theoretisch als alleiniges Pflegemittel verwendet werden zu können! -
- Oder, - was würde eine Seife, Shampoo oder Duschgel ohne Wasser bringen? - Wasser ist sehr viel mehr, als nur eine *nebensächliche* Zutat für eine Emulsion, - es ist ein *Qualitäts-*Faktor dem man leider nicht die Aufmerksamkeit schenkt, die er verdient.

Jetzt wird es spannend, denn nun sehen wir uns einmal die *öligen* Grundlagen an, die mit dem *Wasser* emulgiert werden.

Paraffinum Liquidum *(Erdöl)* ist quantitativ oftmals der zweitgrößte Anteil. Es ist die *Salben-*, bzw. *Cremegrundlage*. Diese beiden Hauptingredienzien, Wasser und Öl, werden emulgiert und es entsteht das *Substrat*, - der Nährboden, - worin nun die Wirkstoffe eingebaut werden. Diese beiden Zutaten sind im Grunde das „Hauptgericht" für die Haut, - alle weiteren Zutaten sind lediglich die Würze, jedoch wirksamkeitsrelevant. - Es sind die kleinen Beigaben, die das Gericht verderben können, wie z.B. die Gabe von 1 oder 2 gr. Chili auf 150 gr. Wasser und Tomaten. - Das Geringe *be-wirkt* das Ganze.
Bei einem *Qualitätsstoff*-Produkt, ist das Augenmerk auf die Best mögliche Haut-Konformität gerichtet, - also auf eine zur Haut im höchsten Maße kompatiblen *Fettsäure-Matrix*! – Doch was findet man in Kosmetika wirklich? - Erdöl und seine *Derivate*! Das sind billige Abfallprodukte *(Schmierölfraktion)* aus der petrochemischen Industrie, zu denen die Paraffine *(C20 –*

C30) gehören. Sie sind billig und haben einen großen Vorteil: *Sie werden nicht ranzig!* - Doch die Moleküle sind zu groß, als dass sie in die Haut einziehen könnten und demgemäß ist auch das zugrundeliegende Fettsäure-Muster absolut inkompatibel zur Haut! - Sie pflegen die Haut nicht nur nicht, sondern *verkleistern* die dermalen Oberflächen-Schichten! - Sie verbinden sich mit dem Hauttalg und erzeugen Staus im Stoff- und Wärmeaustausch was die Hautatmung behindert, wodurch oftmals ein auslösender Trigger für den Ausbruch einer Allergie gesetzt wird. Zudem belastet eine mangelnde *Gasdurchlässigkeit* der Haut auch ganz massiv die Leber, die nun für die Haut *mit-entgiften* muss! -
Nachdem uns die funktionalen Schichten der Haut nicht mehr unbekannt sind, muss man eigentlich nicht betonen, was Wärmestaus alleine in den unterschiedlichen Schichten der Haut für ein Chaos *be-wirken* können, - in *mikrobieller* Hinsicht ebenso, wie in *funktioneller*, - wohin der ganze Müll, wenn oben alles zu ist und die Wärme hilft den *Anaerobiern* noch kräftig bei ihren Vergärungen. - Eine derartige *Salben-/Cremegrundlage*, die ja die Haut und nicht das Produkt möglichst lange schön und jung aussehen lassen soll, bringt Chaos in die Ordnung der Haut, wodurch die erwiesene Wirkung dieser Pflegegrundlage, hoch *komedogen* ist, - das bedeutet, sie erzeugt Mitesser und Akne. - Das *Gute*, das stets das *Schlechte* erschafft, - nur, dass *Gut* hier nichts mit *Qualität* zu tun hat, da Futter für die *Kommensalen* immer Abfall ist!

Diese Grundlage an sich genügt, um die Haut in ihrer natürlichen Funktion erheblich zu stören, was u.a. zu vorzeitiger Hautalterung und einer Vielzahl unspezifischer pathologischer Karrieren führt. Bereits die Zugabe dieser Standard-Cremegrundlage in *Pflegeprodukten*, ist ein erhobener Mittelfinger in Richtung Verbraucherschutz und *Qualität*! – Hier wird offenkundig eine „*Pflege*" verkauft, die in Wirklichkeit wohl eher der Entsorgung petrochemischer Problemstoffe dient! – Dabei wird gut verdient und eingespart, denn wenn die Stoffe über den menschlichen Organismus unkontrolliert in die natürlichen Kreisläufe „*entsorgt*" werden, spart sich die Industrie viel Geld und verdient sogar noch am Müll (!) – *End-, bzw. Durchgangslager Mensch?* -

Ganz einfach gesagt: Die gesamte *Körperpflege* basiert auf Stoffen, welche die Haut schädigen! Der Konsument wird somit zum erzwungenen Abnehmer, um nicht die Alterungserscheinungen in der Öffentlichkeit zeigen zu müssen - eine Spirale der *Pseudopflege* – Per Gesetz, das eine Verbrauchertäuschung im großen Umfang fördert, indem es zulässt, dass die Menschen mit vorsätzlich falschen Werbeaussagen so getäuscht werden, dass sie viel Geld dafür ausgeben, um sich mit diesen Giftstoffen zu Tode zu pflegen, wobei die Gifte ja erst noch kommen. Es gibt viele bedenkliche Salben-/Cremegrundstoffe, die der Haut nicht nutzen und daher mit Pflege nichts zu tun haben.
Sie müssen nicht unbedingt immer toxisch sein, es reicht ja auch schon aus, wenn sie durch ihre Eigenschaften die Regulationsabläufe der Haut stören. – Ein Bügeleisen ist auch nicht toxisch, doch wird es gefährlich, wenn man es zur Faltenbehandlung verwendet.

Es ist schon sehr verwunderlich, dass bei all dem Wissen was existiert, auch fast alle anderen Cremegrundlagen, die zwar aus natürlichem Ursprung stammen können, in ihrer Fettsäure-Eigenschaft jedoch ungeeignet sind, eine hautkonforme Pflegegrundlage zu sein! – Dennoch werden sie verwendet, weil sie billig sind und damit dem ökonomischen Nutzen der Hersteller dienen! - Derlei Stoffe sind z.B. Paraffin, Wax/Oil,

Petrolatum, Cera Microcristallina *(Zellulose)*, Mineral Oil, Vaseline Ceresin *(Ozokerit)* oder Silikonöl *(Dimethicon)*.

Bio-Kosmetik verwendet als Grundstoff in Abgrenzung dazu *natürliche* Öle, die aber deswegen nicht zwingend geeignet für die Haut sein müssen. Im Übrigen werden auch in BIO die üblichen Hilfsstoffe zugesetzt um BIO stabil und haltbar zu machen, - jedoch nur die <u>schwächer toxischen</u>! - Sie erinnern sich doch noch, - nur Unkritische Konzentrationen! Kosmetik-Produkte, die auf Schmierölfraktionen basieren, müssen *aromatisiert* werden, weil die stinkende Grundlage sich keiner freiwillig auf die Haut schmiert, würde sie riechen, wie sie riecht! Wirklich hochwertige Kosmetik braucht keine Aromen, da ihr Eigengeruch ein angenehmes natürliches Aroma hat, wobei Geschmäcker verschieden sein können! – Stellen sie sich einmal vor, sie hätten eine(n) Partner(in), den/die sie nur parfümiert riechen können, weil er/sie ohne künstliches Aroma so sehr stinkt, dass man es nicht aushalten würde bei ihm/ihr. – Partner oder Creme, - lassen wir die Stinker stehen ....

Myrristyl Alcohol dient als Stabilisator und kommt quantitativ an 3. Stelle vieler Zutatenlisten, jedoch sind anstatt oder daneben, noch weitere *denaturierte* Alkohole in der Zutatenliste enthalten, welche die Haut austrocknen und die mikrobielle Flora im pH-Bereich von 4 – 6 *unspezifisch* zerstören! –

Unspezifisch bedeutet, dass <u>alle</u> Mikroorganismen – also maximaler Kollateralschaden im mikrobiellen Milieu, - zerstört werden. Da unsere Haut eine *Oberfläche* ist, an der z.B. Interaktionen mit Licht mittels mikrobieller Synthese, etwa durch *photochemische Prozesse*, wie sie bei der Vitamin D Synthese ablaufen, ist eine Disharmonie des mikrobiellen Milieus ein massiver Einschnitt in die gesamte Funktionalität des Systems *Haut*. Zudem habe ich im Abschnitt *Haut* bezüglich der mikrobiellen Flora ja schon hervorgehoben, dass das mikrobielle Reserve-Potenzial, 24 - 72 Stunden zur Neubesiedlung benötigt! - Das kann aber nur dann gelingen, wenn man in diesem Zeitraum darauf verzichtet, die Population ständig erneut auszulöschen, was immer dann der Fall ist, wenn man sich zu neuen Pflege-Interventionen anstrengt oder sich aber in den Giftschwaden häuslicher Wohnkultur bewegt, - ganz zu schweigen von den Toxinen die man am/im Körper trägt oder die aus den technischen Geräten dringen.

Es gibt durchaus Alternativen zu den chemisch veränderten Alkoholen *(Derivate)*, die der Haut, im wahrsten Sinne des Wortes, das *Leben* entziehen.
Mit „*Prima Sprit*" oder *Trinkethanol* hätte man das Problem nicht, da das menschliche System für diesen Abbauwege *(Alkoholhydrogenasen)* hat und weil diese Form des reinen *Ethanols*, in vielen System-Abläufen benötigt wird; - doch der ist im Vergleich zu den chemisch veränderten Varianten viel zu teuer, hauptsächlich deswegen, weil der Staat hier richtig zuschlägt *(s. Branntweinsteuer-Gesetz[26])*.
Auch hier wieder eine arglistige Verbrauchertäuschung aus niederen Beweggründen, per Gesetz legalisiert, - was im Ergebnis eine **_legale_** Qualitätszerstörung be-wirkt! –

Das waren jetzt die einfachen Kosmetik-Grundlagen, auf der nahezu ALLE kosmetischen Produkte aufbauen. Hier kann man schon einmal eine erste Selektierung treffen, denn es müsste nach den bisherigen Ausführungen einfach sein, die *Qualität* der Hauptkomponenten bestimmen zu können. - Ja, gleichen sie ihr Wissen mit dem Bestand im Kosmetikschrank

---

[26] Daniel Eckart, *Gleich fünf Steuern verteuern den Alkohol in Deutschland*, welt.de, 15.8.2015

ab und ziehen sie ihr Resümee. - Vielleicht kommen sie ja zum gleichen Ergebnis wie ich:

1) Alle eingesetzten Stoffe sind nicht geeignet, den Körper zu pflegen, - im Gegenteil, sie schaden, was man jedoch erst bemerkt, wenn sich chronische oder massiv akute dermatologische Beschwerden einstellen. Die werden jedoch so gut wie nie mit den Grundstoffen in der Pflege in Verbindung gebracht.

Der gesamte Kosmetik-Markt ist auf Lug und Betrug aufgebaut, was man mit sinnlicher *Faszination*, beglaubigten Unwahrheiten durch dauerhafte Wiederholung in der Werbung, sowie privilegierter Gesetzgebung überdeckt! – Es liegt sogar eine besondere Schwere vor, da dies wider besserem Wissens gemacht wird! – Man weiß über die Folgen, nimmt aber den Nachteil der Verbraucher billigend in Kauf! – Die Wenigen, die sich darüber aufregen werden Mundtot gemacht! Macht und Mittel dazu kommen von den vielen geblendeten Käufern, deren Kauf ein stilles Einvernehmen mit der gewählten Vorgehensweise bedeutet, - wenn sie nicht einverstanden wären, würden sie ja nicht kaufen! - So macht man Opfer zum Täter!

2) Da diese Täuschung nun schon seit vielen Jahrzehnten betrieben wird, haben sich die Verbraucher an das Kosten-Niveau qualitätsloser Konsumprodukte gewöhnt, wobei sie ganz nebenbei bemerkt, das natürliche *Qualitätsempfinden* verloren haben. Die Wahrnehmung der Wirkung zugesetzter *Pseudo*-Wirkstoffe, hat sie veranlasst, diese Erfahrung als *Qualität* zu bewerten. Fatal ist dies nun für jeden *Qualitäts*-Anbieter, da man seine *Qualitätsaspekte* nicht mehr verstehen kann und der Konsument daher nicht mehr bereit ist, den Preis, den *Qualitätsarbeit* fordert, zu bezahlen! -

Hier wird einem Blinden eine Klobürste verkauft und ihm beigebracht, sich damit die Zähne zu putzen! – Was würde passieren, wenn der Blinde mit einem Mal sehen könnte? - Wahrscheinlich nichts, denn er kennt ja nichts anderes als die Klobürste für die Zahnpflege! -

Jetzt wird es richtig spannend, denn jetzt kommen wir zu den Zusatzstoffen, die man benötigt, wenn man *keine* Qualität herstellt! – Alles was lebt, ist in andauernder Bewegung und Veränderung und alles ist nur begrenzt lebensfähig.
Zwar kann man mit moderner Biotechnologie in diese Prozesse eingreifen, um dem oxidativen Verfall vorzubeugen, doch aufhalten lässt er sich nicht und es ist auch nicht *qualitätsfördernd*, in den natürlichen Lauf der Dinge einzugreifen. –

Was jedoch in der gesamten Kosmetik verwendet wird, - ist ja ganz legal zugelassen und lässt die bereits erwähnte Verbrauchertäuschung wie ein Ordnungsdelikt erscheinen.
Wir bewegen uns bei den nun aufgelisteten Stoffen nur an der Oberfläche; - mehr als **4.000** biologisch gefährliche und giftige Chemikalien sind in den zugänglichen Pflegeprodukten enthalten, wobei ein großer Teil der toxischen Substanzen in der dekorativen Kosmetik enthalten ist. – Man überlege, - mehr als **4.000** *qualitätswidrige* Stoffe, - Qualitätszerstörung bei der Herstellung, Verwendung und Entsorgung. – Haben sie das schon einmal aus dieser Sicht gesehen? –

Auch wenn sie vielleicht nicht zu den Kunden der Kosmetik-Industrie gehören, die allermeisten tun es und nehmen damit an der biologischen Kriegsführung gegen Mensch und Natur teil. Nachfolgend nun die zumeist verwendeten *Kampfstoffe,* mit einem kleinen Einblick in die bekannten Wirkverläufe. – Von den zugesetzten Nano-Partikeln, die meist noch nicht einmal deklariert sind, spreche ich gar nicht, da niemand weiß, was aus ihnen noch alles hervorgehen kann oder wie sie sich im komplexen biologischen System *Mensch* auswirken! – Bleiben wir bei dem, was bekannt ist und glauben sie mir, das reicht völlig aus, um zukünftig gerne darauf zu verzichten!

Beginnen wir mit **Phenoxyethanol** der bekanntermaßen stark hautirritierend ist, doch gilt er als <u>allgemein gut verträgliches Gift</u>, weswegen man es gerne zur *mikrobiellen Hygiene (Bakterizid)* in Feuchttücher, Windeln und natürlich auch in Kosmetika einsetzt. Zulässig sind derzeit Höchstmengen bis zu **1% im Produkt!** - Die französische Arzneimittelbehörde, sowie weitere EU-Mitgliedsstaaten legten Bedenken ein, da es in Tierversuchs-Studien[27] zu massiven Schäden an der Leber der Versuchstiere kam! - *Ein sinnloses Töten, nur damit man den Beweis für ein Gift erhält, das eigentlich gar nicht da sein dürfte!* -

Folgen: Höchstgehalt wird auf **0,4%** reduziert und darf nicht mehr in Baby-Produkte für Kinder im Alter von 1 – 3 Jahren verwendet werden! –
Zum Nachdenken: Man weiß, dass dieser Stoff toxisch für die Leber ist aber er ist unbedenklich für Kleinkinder ab 4 Jahren(?)! –

Er wird nicht verboten, - nein, - die Höchstmenge wird beschnitten, damit man sich ohne merkbare Folgeerscheinungen vergiftet, wobei man die kumulativen Effekte gar nicht berücksichtigt, - warum auch, die Symptom-Medizin lebt ganz gut davon! – Ganz schön makaber, aber ein gesetzlich reguliertes Standard-Vorgehen zu Giftstoffen!
Da dieser Giftstoff sehr weitläufig eingesetzt wird, ist es unverantwortlich, die Giftmengen nur auf ein Einzelprodukt auszurichten. – Sein großer Zerstörer-Bruder, **Triclosan**, ist

---

[27] Autor: Dr. Elisabeth Bumberger - Bayerisches Landesamt für Gesundheit und Lebensmittelsicherheit, 23.07.2015

dabei noch um vieles toxischer. Über die Wirkung, insbesondere auf das mikrobielle Milieu, schreibe ich noch, wenn wir zu diesem Stoff kommen!

Ob man jetzt jemanden mit großen oder kleinen Gaben Gift vergiftet, - wo ist da der Unterschied, - es ist *immer Gift*!

Methylparaben, Butylparaben und **Ethylparaben**. Parabene *(p-Hydroxybenzoesäure + Salze + Ester)* gelten als Stoffe mit **geringer** Toxizität, weswegen man sie als „ungiftig" bezeichnet! - *Parabene* sind ein üblicher Konservierungsstoff, der vor allem die Verkeimung im Wasseranteil der Cremegrundlage unterbinden soll.

Die chemische Struktur ist der des weiblichen Sexualhormons *Östrogen* sehr ähnlich. Da sie über die Haut von Penetrationsverstärkern *(Schleppern)* aufgenommen *(dermal absorbiert)* werden, wird befürchtet, dass sie den Hormonhaushalt des Menschen durcheinanderbringen.

Versuche an Ratten haben gezeigt, dass diese Befürchtung nicht unbegründet ist[28]. Bei männlichen Ratten senkten die *Parabene* den *Testosteronspiegel* und führten zu einer Dezimierung der gesunden Spermien. Bei weiblichen Ratten wurde ein Anwachsen des Uterus festgestellt[29]. –

Aus einer erhöhten Östrogenproduktion entstehen u.a. auch Nebenprodukte des Östron, nämlich seine kanzerogenen Metaboliten *16-Hydroxyöstron*. Einen unspezifischen Eingriff in den hoch sensiblen Östrogenstoffwechsel, sollte man daher tunlichst unterlassen, um irreversible Schäden zu meiden. -

---

[28] *Brustkrensrisiko durch Paraben-haltige Deodorants,* Bayr. Landeamt für Gesundheit u. Lebensmittelsicherheit, 2016

[29] Deutsche Krebsgesellschaft (2004) Brustkrebs. Krebsgesellschaft warnt vor Paraben-haltigen Deodorants. Unter http://www.krebsgesellschaft.de/.

Zu viel oder zu wenig Östrogen-Rezeptoren, sowie unterschiedlich gut funktionierende *Rezeptorvarianten* im Brustgewebe der Frau, sind gem. Studien für ein erhöhtes Brustkrebsrisiko verantwortlich.
Das hat eine internationale Studie[30] aus Cambridge *(GB)* und Australien ergeben, zu der auch Wiener Wissenschaftler von der Frauenklinik der *MedUni Wien* beigetragen haben.
Insgesamt wurden dabei die genetischen Daten von 120.000 Frauen ausgewertet. - In Summe identifizierten das Forscherteam von *Alison Dunning* von der Universität in Cambridge, fünf *Gen-Varianten* im Umfeld des Gens für den Östrogen-Rezeptor *(ESR1),* die offenbar einen unterschiedlichen Effekt auf das Brustkrebsrisiko haben. Die Studie zeigte, dass etwa ein Drittel der erkrankten Frauen, eine der fünf Genvarianten aufwies.
Vier davon waren mit der Entstehung von Tumoren korreliert, bei denen der Östrogen-Rezeptor *(ESR1)* ausgeschaltet ist und auch die Tumorzellen keinen Östrogen-Rezeptor aufweisen! - Bei einer Genvariante hingegen wurde der Östrogen-Rezeptor hinaufreguliert. –

Eine sehr komplexe Studie, die vor allem eines aussagt:
Finger weg von so hoch komplexen Regulationsmechanismen, die durch Steroidhormone und Gestagene initiiert werden! – Geringste Störungen können immense und teils irreversible Folgen nach sich ziehen. Die Verwendung von Substanzen, die hier als kompatibler „Fremdstoff" in den Hormonstoffwechsel eingeschleust werden, sind extrem gefährlich und gehören daher nicht in ein Produkt, das man täglich verwendet! -

Man tut sich natürlich sehr schwer einen Nachweis zu führen, dass genau diese Substanzen der Auslöser für eine

---

[30] Breast cancer risk variants at 6q25 display different phenotype associations and regulate ESR1, RMND1 and CCDC170

hormonelle Krebsentstehung oder Entartung des Hormonstoff-wechsels sind und so gilt das Vermeidungsprinzip, was da lautet: Nur das verwenden, von dem man weiß, dass es nicht schadet! -

In jedem Fall degeneriert der Hormonstoffwechsel, was sich z.B. beim Mann als eine gesteigerte *Aromatase* auswirken kann, was zur „Verweiblichung" führt. Sie stehen im Verdacht eine hormonaktive *„pro-östrogene"* Wirkung zu haben, was zu einer erhöhten Affinität von Brust-, Hoden- und auch Prostatakrebs[31] sowie vielen anderen Arten mehr führt.
Kinder werden frühreif und nicht selten wirken sich diese hormonaktiven Stoffe auch auf den Geschlechtstrieb sowie auf die Geschlechtsausbildung aus!
Während ich hier über die Auswirkungen, der in der Kosmetik eingesetzten Hormongifte schreibe, erhalte ich eine Petition mit folgendem Inhalt von **SumOfUS** *(10.11.2016)*:

Schon bald droht die EU-Kommission die Regulierung gefährlicher Chemikalien aufzuweichen. Das wäre ein Sieg für Monsanto, Bayer und Co. - Die sogenannten „endokrinen Disruptoren" bringen unseren Hormonhaushalt durcheinander und werden unter anderem mit Krebs, Unfruchtbarkeit und Diabetes in Verbindung gebracht. Und sie stecken überall:
Ob als Weichmacher in Plastikflaschen oder als Pestizide auf unseren Feldern – oder in der Kosmetik, die wir jeden Tag verwenden, denn Parabene sind ebenfalls endokrine Disruptoren! -

Einen Fehler durch eine Lüge zu verdecken heißt, einen Flecken durch ein Loch zu ersetzen.
Aristoteles

---

[31] Pink Ribbon – Preservative found in Breast Cancer Tissue From Cancer Patients

Sie gelten als Ursache der sog. „*Para-Allergie*[32]", was aber geleugnet wird. Das *Bundesamt für Risikobewertung*[33] legt dies mit der Begründung *ad acta*, weil .....

„..... *es Konservierungsstoffe mit deutlich höherer Toxizität gibt, die ein ebenfalls deutlich höheres Risiko von Allergien in sich bergen."* - Zitat Ende! - Eine amtliche Stellungnahme zum Thema *Qualität*!

Parabene stecken praktisch in allen kosmetischen Produkten. Wie schleppend Veränderungen auf sich warten lassen, obwohl das Bewusstsein auf „**ohne Parabene**" ausgerichtet ist – ähnlich wie bei *Silikonen* – zeigt der Verlauf und die Reaktion der Behörden. Angefangen hat es damit, dass britische Wissenschaftler 2004 *(also vor 12 Jahren!)*, Parabene in Brusttumoren nachweisen konnten *(Darbre et. al. 2004)*. Die *Deutsche Krebsgesellschaft e.V.* warnte daraufhin in einer Pressemitteilung vor parabenhaltigen Deodorants. Das *Bundesinstitut für Risikobewertung (BfR)* entwarnt:

„...... *es gibt keinen ursächlichen Zusammenhang zwischen diesen Stoffen und der Entstehung von Brustkrebs.*"

Ich wusste bis dahin nicht, dass das *BfR* so eine *hohe Kompetenz* besitzt, die sogar über die eines *Fachverbandes von Onkologen* geht! - Die Experten warnen, weil sie eine folgenreiche Wahrheit entdeckt haben, - doch wie soll man etwas zum Besseren verändern, wenn die Behörden alles dementieren und da sie das Fachwissen nicht haben können, um eine Entwarnung auszusprechen, muss es daher andere

---

[32] http://www.alles-zur-allergologie.de/Allergologie/Artikel/4158/Allergen,Allergie/p-Phenylendiamin/
[33] Bundesinstitut für Risikobewertung – Verwendung von Parabenen in kosmetischen Mitteln

Beweggründe geben. Doch egal welcher dies auch sein mag, - er richtet sich gegen das Wohl des Menschen! - Da fällt mir der **Berthold Brecht** ein, der mal sagte:

Wer die Wahrheit nicht weiß,
der ist bloß ein Dummkopf.
Aber wer sie weiß und sie eine Lüge nennt,
der ist ein Verbrecher.

Das ist schon alles sehr bedenklich, - und nun kommt auch noch die Einschätzung vom Verbraucherschutz:
Zitat: Anderseits ist ein kompletter Verzicht auf Parabene nicht nötig und kann sogar dazu führen, dass die Kosmetikbranche zu gefährlichen Konservierungsmittel greift!

Stiftung Warentest[34] *warnt:*
„Dadurch könnten problematische Stoffe öfter zum Einsatz kommen, zum Beispiel Methylisothiazolinon".
Nur manche Babycremes sollen (gem. Empfehlung des Wissenschaftlichen Ausschusses Verbrauchersicherheit (SCCS) der Europ. Kommission) komplett auf die **Parabene** *verzichten.*

Wer regiert wen, - keine Ahnung, - aber, - der Mensch steht immer unten am Berg, wo ihn die *Schlamm-Lawine* die von oben kommt, voll erwischt, - schutzlos, getäuscht und völlig einsam auf sich gestellt. - Seit Jahren hält die sinnlose Diskussion über Stoffe an, die grundlegend nicht in Verbraucherprodukten zu suchen haben! - Doch nahezu ausnahmslos findet man in Kosmetika Stoffe, wie etwa *halogenorganische Verbindungen (INCI: Chloro..+, Bromo..+, Iodo..+ VERBINDUNGEN, z.B.*

---

[34] *Stiftung Warentest warnt vor Schadstoffen in Kosmetik,* Spiegel online v. 26.5.2015

Chloroxylenol, Bromchlorophen, ...) welche als toxisch, kanzerogen und zellschädigend *(eiweiß- und erbgutverändernd)* bekannt sind! -
Sie gelangen ins Gewebe, zersetzen sich dort zu *Formaldehyd* und *Nitrosamin (stark krebserregend!) und warten, bis die kritische Masse erreicht ist!* - In den Fettdepots *der Subcutis* die das ganze System Haut mit Nährstoffen versorgt! -
Eiweißverändernde Substanzen in einem System, das in seiner *Keimschicht* adulte Stammzellen lagert, die theoretisch alles werden könnten und Schichten mit einer hohen Zellteilungs-Rate, die auch ein Katalysator für degenerative Zellwucherungen werden können! - Derlei Stoffe gleichen einer tickenden Zeitbombe! - Sollte Pflege nicht Schutz und Unterstützung für die dermalen Funktionsabläufe sein? -
Als *halogenorganische Verbindungen* werden chemische Verbindungen aus *Brom, Jod, Fluor* und *Chlor* bezeichnet.
Alles Stoffe, die wissentlich, teils mengenspezifisch, toxisch auf den Organismus wirken.
In Verbindung mit Kohlenwasserstoffen, die reichlich in den verwendeten Schmierölfraktionen vorhanden sind, bilden *Halogene* sehr wirksame Lösungsmittel, - eine Eigenschaft, die besonders bei Lacken, Farben oder bei Schädlingsbekämpfungsmitteln Verwendung findet. Dazu gehören z.B. **DDT** – *Dichlordiphenyltrichlorethan*, ein Insektizid, das seit Anfang der 1940er-Jahre als Kontakt- und Fraßgift eingesetzt wurde, wegen seiner toxischen Wirkung inzwischen aber in den meisten Ländern verboten wurde, - aber es ist immer noch im Einsatz und kommt über viele Wege zu uns zurück, ohne dass wir es wissen, - ein Hoch auf die Globalisierung!!

PCP - *Pentachlorphenol*, - wird in Holzböden als Fungizid *(Pilzgift)* eingesetzt und verursacht Haut- und Nervenstörungen und **PCB** – *polychlorierte Biphenyle*, die alle samt hoch toxisch sind, - sie gehören zum „*Dreckigen Dutzend*", - eine

Gruppe von 12 organischen Giften, welche die *Stockholmer Konvention* im Mai 2001 weltweit verboten hat.

Deutlich schlimmer und toxischer ist die halogenorganische Phenolverbindung, **Triclosan**[35]. *Triclosan* ist ein hochpotentes Desinfektionsmittel, das seit vielen Jahren als Bakterienkiller und Konservierungsstoff in antibakteriellen Flüssigseifen, Mundwässern, Geschirrspülmitteln, Rasiergels, Zahnpasten, Duschgels, Kosmetika und vielen anderen ganz alltäglichen Konsumgütern, als *Bakterizid* eingesetzt wird. Man würde sich wundern, wo es NICHT enthalten ist. − Sogar Klopapier, Windeln, Slipeinlagen/Tampons, Waschmittel, Leder, Spielzeug, Matratzen, Textilien, u.v.m. − Man sieht es nicht, riecht es nicht und weiß es nicht, - aber es ist dennoch da, - überall und daher inzwischen unmöglich zu meiden! − Erinnern sie sich an das Massensterben der dermalen Hautflora? - Hier finden sie eine Hauptursache, denn man bewegt sich den ganzen in toxischen Schwaden! -

In den USA ist bereits **75%**[36] der Bevölkerung mit **Triclosan** belastet. Man hat das am *Triclosan* Gehalt im Urin nachgewiesen und wenn 75% der Amerikaner jeden Tag urinieren, kann man sich nur schwer vorstellen, welche Giftmengen da in Summe zusammenkommen. − Alles rein ins Wasser, wobei der Triclosan-Hersteller **CIBA**, auch noch offen zugibt, dass die Substanz hoch toxisch für <u>sämtliche Wasserorganismen</u>[37] ist, was aber kein Grund war, dieses Gift nicht für den Warenverkehr zuzulassen! -

In einer Kosmetik zerstört es die Hautflora, deponiert sich dabei im Fettgewebe und greift die Enzymtätigkeit der Leber

---

[35] https://www.zentrum-der-gesundheit.de/desinfektionsmittel-ia.html
[36] www.zentrum-der-gesundheit.de/desinfektionsmittel-ia.html
[37] www.euro-otc-pharma.de/wp-content/uploads/projects/Triclosan.pdf

an, was zu Schädigungen der Leber führt. Produktionsbedingt ist das Gift *Triclosan* auch noch mit *Dioxinen*[38] verunreinigt.

Nur mal ganz nebenbei: Was passiert denn mit einem Betrieb, in dem *Dioxine* gefunden werden? - Jawohl, - der Seuchenschutz, - Quarantäne und sterile und geschützte Entsorgung! - So, wie man es mit Gift machen sollte! - Und bei *Triclosan*? - Investieren sie bitte selbst etwas Zeit in dieses Thema, - sie werden viel dazu finden und machen sie sich bei allem immer deutlich bewusst: *1 von 4.000 (bekannten)* Giften, - nur in der Kosmetik! -
Sogar in der *Muttermilch*[39] kann *Triclosan* inzwischen nachgewiesen werden und es wird trotz seiner toxischen Wirkung kräftig weiter eingesetzt! - *Triclosan* bewirkt auch eine Resistenz gegen Antibiotika! -
Wegen des dauerhaften *Triclosan*-Einsatzes gewöhnen sich Erreger an starke Desinfektionsmittel und bilden mit der Zeit Resistenzen dagegen aus. *Triclosan* führte bereits zu sog. *Kreuzresistenzen (Vogel-Grippe!)*, was bedeutet, dass Erreger, die gegen *Triclosan* resistent geworden sind, sich auch von Antibiotika nicht mehr beeindrucken lassen! - Die *Weltgesundheitsorganisation (WHO)*[40] hatte bereits Mitte 2014 vor einer "Rückkehr in Vor-Antibiotika-Zeiten" gewarnt, wo bereits gewöhnliche Infektionen tödlich enden könnten.
Die Folge ist, dass immer mehr sog. *Super-Erreger* entstehen können, für die es in naher Zukunft keine Abwehrmöglichkeit mehr geben wird, zumal das Immunsystem damit beschäftigt ist, das *Triclosan* auch im Körper wieder loszuwerden! –

---

[38] info.kopp-verlag.de/hintergruende/enthuellungen/s-l-baker/chemikalie-in-antibakterieller-seife-produziert-giftiges-dioxin.html
[39] http://www.spiegel.de/wissenschaft/medizin/triclosan
[40] Nina Weber, *WHO warnt vor Ära tödlicher Infektionen*, Spiegel online, vom 30.4.2014

Ein Gift, das langanhaltend ungeheure *(irreversible)* Schäden in die natürliche **Milieuordnung** bringt, was sich auf der mikrobiellen Ebene zeigt, wie die Entstehung von *Super-Erregern* bereits mehr als deutlich belegt.
Ein Teufelskreislauf, der sich nun immer schneller zu drehen beginnt und uns zu Opfern unseres Tuns macht! - Wenn wir nicht endlich damit aufhören, uns und unsere Umwelt jeden Tag mit Gift zu belasten, dann wird ein artgerechtes Leben als Mensch bald unmöglich werden. - Britische Forscher haben 2016 zum weltweiten Kampf gegen resistente Krankheitserreger aufgerufen. Mehr als *700.000* Menschen jährlich sterben nach Schätzungen[41] durch Krankheitserreger, für die es inzwischen schon keine wirksamen Medikamente mehr gibt! - Seit Jahren haben Unternehmen in Südafrika das Problem die Stellen nicht mehr ausreichend besetzen zu können, da überdurchschnittlich viele Menschen im Alter von 20 - 50 Jahren an unspezifischen Infektionserkrankungen sterben[42]. Bis zum *Jahr 2050* rechnet man mit Kosten, ausgelöst durch Infektionen resistenter Keime, die bei *90 Billionen Euro* weltweit liegen! - Neben den Giften, ist es das im Übermaß eingesetzte Antibiotika, was ebenfalls zu verhängnisvollen Resistenzen führt. Weltweit soll nach *Jim O'Neill*, Leiter des Teams britischer *Ökonomen*, der Gebrauch von Antibiotika in der Landwirtschaft stark eingeschränkt werden[43]. - Warum beauftragt man da *Ökonomen*, welche die Flüsse innerhalb der Wirtschaft steuern und keine Biologen, die Ahnung vom Leben haben? - Hier geht es wohl darum, Nutzenausfällen vorzubeugen, aber nicht um das Wohle des Menschen oder der Natur! - Antibiotika ist nur ein Teil des Ganzen, - die Gifte, die in unserer Biosphäre persistent zu

---

[41] https://amr-review.org/ (UK Department of Health)
[42] http://www.tropeninstitut.at/denguefieber.htm
[43] *Forscher fürchten Millionen Tote jährlich*, Spiegel online vom 20.5.2016.

wirken beginnen, nehmen dabei einen deutlich größeren Platz ein! - Ich schreibe hier über giftige Kosmetik, welche den Barriereschutz der Haut für alles aus der Umgebung öffnet, während gleichzeitig der Verband von Baubiologen[44] vor einer Zunahme von Umweltgiften im häuslichen Bereich warnt, und noch nicht einmal die Kinderzimmer werden geschont! -

Viele Hersteller machen bei Giftstoffen in Möbeln falsche Angaben, sagt Gary Zörner, Geschäftsführer der Delmenhorster *Lafu GmbH (Labor für chemische und mikrobiologische Analytik)*[45] und es geht weiter mit der Nahrung, wie z.b. Zuchtfisch *(Lachs, Forelle, Dorade und Barsch)*, in dem ein *Green Peace* Team das Pflanzengift *Ethoxyquin* fand, entwickelt vom Menschenfreund *Monsanto*, das man u.a. zum Konservieren von Fischfutter verwendet; - in Deutschland legal zugelassen als *Futtermittelzusatzstoff (E 324)*. Nun gehört es wohl zum Standard des Zuchtfisches sowie anderer Zuchttiere und auch wenn man weiß, dass *Ethoxyquin* inzwischen in *menschlichem Fettgewebe* und in der *Muttermilch* nachgewiesen wurde, wobei es auch noch die *Blut-Hirn-Schranke*[46] zu überwinden vermag, so weiß man nichts oder nur sehr wenig über die *(Wechsel-)*Wirkungen. Die EU Behörde für Lebensmittelsicherheit *(EFSA)* hat bis heute zwar kein abschließendes Urteil zur *Toxizität* von *Ethoxyquin* gefällt. Einzelne wissenschaftliche Arbeiten und Studien lassen aber vermuten, dass *Ethoxyquin* die *Erbsubstanz* schädigen, den *Leberstoffwechsels* verändern und *krebserregend* sein kann, was Grund genug ist, dem Gift *SOFORT* Einhalt zu gewähren! - Konservieren tut es übrigens auch nicht richtig, weil man bei mikrobiologischen Prüfungen

---

[44] https://derbausv.de/news.jsp?id=639

[45] Osnabrücker Zeitung , *Geruchlose Gefahren - Experte warnt vor Giften im Kinderzimmer*, vom 23.9.2015

[46] *Ein giftiger Verdacht - Wie ein Pestizid in unser Essen kommt*, e-planet/ZDF vom 31.5.2015,

in ca. 45% der entnommenen Räucherlachsproben, *Listerien* vorfand!
Noch so ein *Sleeper*, der irgendwann einmal erwacht und dann zeigt, was er so alles drauf hat! - Wie schon gesagt, ich könnte diese Liste ewig weiterführen, - leider mangelt es nicht an Beispielen, die ganz öffentlich einsehbar sind.
Und dann gibt es die Gefahren, von denen noch keiner etwas ahnt, etwa, dass der Umsatz der Giftstoffe nur ein Klacks ist im Vergleich zu den auftretenden zwangsläufigen Folgekosten zur Behandlung der Vergiftung! -
Was erwarten wir denn auch, wenn wir jeden Tag daran *mitwirken*, mehr *Qualität* zu zerstören, als dass wir erschaffen? - Es entsteht eine *neue polypotente Grundlage*, aus der *neue Wirkverläufe* hervorgehen; - wie werden wir uns an diese kausal veränderten Umstände anpassen können, besonders, wenn das Anpassungsorgan, die Haut, derart gestört ist?
Macht es Sinn, sich eine solche Frage zu stellen, wenn man doch im *Jetzt* einfach nur das Gift weglassen müsste? -
Der *Qualitätsgedanke* findet sich in diesem Sinne bereits darin, jeden Tag, bewusst etwas weniger Gift freizusetzen. -
Das ist leicht möglich, schärft das Bewusstsein und bewirkt in der Masse viel, wobei die Masse entsteht, wenn die EINZELNEN damit anfangen. - *Triclosan* ist nicht die einzige *Bio-Waffe*, die im Einsatz ist, - leider! - Ein ganzes Arsenal geht auf unsere *Biosphäre* nieder! - Im Ökotest-Verlag wurde im Jahr 2001 ein Sonderheft, *Die Kosmetik-Liste*, mit über **6.000** Inhaltsstoffen veröffentlicht und ebenso gibt es bereits genug fachkritische Literatur[47], - es ist nun Zeit zum Handeln!

Ein weiterer kritischer Stoff, der unlängst in die Kritik gelangt ist, nennt sich **Triethanolamin** *(TEA)*. *TEA* fungiert ebenfalls als Emulgator, was dem Unterfangen gleicht, dem Einbrecher

---

[47] VANCE, Judy. *Beauty To Die For, The Cosmetic Consequence.* Promoting Publishing, 1998, 250 S.

den Wohnungsschlüssel zu geben! - Leider ist es nur selten auf den ersten Blick möglich, diesen kosmetischen *Killerstoff* in der Zutatenliste zu entdecken. Dort heißt er nämlich nur selten *Triethanolamin* und versteckt sich hinter zahlreichen komplizierten Bezeichnungen, wie z. B. *Nitrilo-2,2N,2NN-Triethanol, 2,2N,2NN-Nitrilotriethanol, 2,2N,2NN-Nitrilotrisethanol, Tricolamin, Triethanolamin-NG, 2-Aminoethanol, TEA, Tromethnin oder Trolamin.*

Nicht nur in der Kosmetik wird diese Substanz verwendet. Sie wird als Weichmacher für Lederwaren und zur Produktion von Zement eingesetzt.
Im Ersten Weltkrieg diente *Triethanolamin*[48] als Ausgangsstoff für die Herstellung von *Chemiewaffen*. *Triethanolamin* ist die Vorstufe zu dem tödlichen *Phosgen*[49]! - Daher stehen beide Stoffe zur Meidung der Herstellung von Chemiewaffen auf der Ratifizierungsurkunde *(CWÜ)* der *Vereinten Nationen*, wo man gem. *Art. II Nr. 2,* den Besitz **dieser Stoffe** der internationalen Aufsicht unterwerfen muss! - Ein weiterer Stoff von vielen *Kosmetik-Kampfstoffen*, der nach dem Einbringen, in der Haut das krebserregende *Nitrosamin* erzeugt. Ebenso bekanntermaßen, greift es Leber, Nieren sowie das Erbgut an!
Hauptsächlich bei dekorativer Kosmetik findet sich der Stoff, der eigentlich in einem *Hautnahrungsmittel* nichts zu suchen hat, immer noch sehr weitverbreitet wieder. - Jetzt sind wir von der Kosmetikverordnung, in der UN Konventionsliste von hoch toxischen Gefahrenstoffen, aus denen Chemiewaffen hergestellt werden, gelandet! -

---

48 http://www.nokomis.at/Inhaltsstoffe/Schadstoffe/schadstoff_tabelle.htm
49 *Beyer Hans, Walter Wolfgang: Lehrbuch der Organischen Chemie; S. Hirzel Verlag; Stuttgart - Leipzig 1998, 23. überarb. und aktualisierte Auflage;*

Da wirkt ein weiterer, hoch toxischer Stoff, den man ausreichend über die Kosmetik erhält, wie ein Nebendarsteller, - so wie *süßer Schmerz*:

Formaldehyd und seine Derivate, die allesamt kanzerogen, einweißdegenerativ und allergen wirken, mit allen Stoffen reagieren *(z.B. Keratin)*, Haut und Haare härten und damit zu Faltenbildung und Haarspliss führen. Da passiert genau das, was man ja theoretisch durch Reinigung und Pflege verhindern möchte! - Noch so ein in vielerlei Hinsicht kritischer Stoff, der eigentlich mit *Qualität* im Alltag nichts zu tun haben soll. *(INCI Deklaration: z.B. Formaldehyd, ...+Oxazolidine, Imidazoli-dinyl+.... oder ....+ Imidozolin).*

Formaldehyd zählt zu den **Fotooxidantien**: Stoffe, wie *Ozon* oder andere, die aus *Stickoxiden (NOx)* und flüchtigen organischen Verbindungen *(VOC)* unter dem Einfluss von Sonneneinstrahlung entstehen.
Sie sind u.a. Bestandteile des *Sommersmogs*. Aufgrund ihrer photochemischen Aktivitäten tragen sie zur Degeneration des *dermalen Milieus* bei. Dabei spielen kumulative Effekte eine Rolle, da *Formaldehyd* als Bindemittel in Lacken, Farben oder Klebstoffen verwendet wird, insbesondere im Wohnbereich!
Ein Gift, das immer zugegen ist und daher ebenfalls immer mehr ein Teil der monokausalen Wirk-Verläufe wird.
Nicht nur dekorative Kosmetik und Nagellacke enthalten die *Formaldehydabspalter*. In vielen Shampoos, Haarpflegeprodukten und Cremes findet man diesen gefährlichen Stoff ebenfalls! -

Aluminiumverbindungen bestehend aus *Aluminium + Säure*.
Sie neutralisieren Zersetzungsprodukte aus dem Schweiß, wodurch Salze entstehen, die nur sehr schwer löslich sind, weswegen sie die Drüsen und Poren der Haut verstopfen und

dadurch Entzündungen begünstigen. Auch in den Böden tragen die Aluminium-Einträge zur Wurzelfäule bei, da sie die Wurzelkanäle verstopfen. Das gleiche Prinzip, - nur wirkt es hier im biologischen System *Mensch*!
(INCI Deklaration: Aluminium Chloride, - Chlorhydrat o. – Glycinate)

Neue Studien verdichten den Verdacht auf Krebs-Auslösung! Eine logische Auswirkung, da unter den Armen in den Achselhöhlen der obere *Lymph-Kontenpunkt* sitzt, - der untere befindet sich im Leistenbereich. Wenn man da alles staut und nur Gifte *durchdrängt*, muss man kein Mediziner sein, um zu verstehen, dass das nicht ohne Folgen bleiben kann.
Wir brauchen daher *Qualitätsnahrung* und wir müssen uns von den Altlasten im Organismus entgiften und entschlacken wozu die Wege der Haut für die Entgiftung offen sein müssen.

Auf der Haut muss für das Milieu eine artgerechte Besiedlung möglich sein und die *Filter* der Haut müssen uns wieder schützen. Chemischer Unrat muss daher gemieden werden! Inzwischen weiß man, dass **Aluminium** *(Al)* über die Haut mit Hilfe der *Schlepper* in den Blutkreislauf eindringt. *Al* ist zudem ein Elektronen-Räuber, der damit einen störenden Einfluss auf die *Redox-Systeme* hat, welche dadurch chemische Reaktionen *be-wirken,* oder auch nicht mehr.

In der übermäßigen *AL* Belastung erkennen Wissenschaftler inzwischen klare Zusammenhänge, dass **Aluminiumsalze** bei der Entstehung von Alzheimer und Brustkrebs eine auslösende Rolle spielen. Nach *Einschätzungen* des Bundesinstituts für Risikobewertung *(BfR)*[50] erreicht man durch die tägliche Nutzung aluminiumhaltiger Deos, eine von der *Europäischen*

---

[50] Aluminiumhaltige Antitranspirantien tragen zur Aufnahme von Aluminium bei Stellungnahme Nr. 007/2014 des BfR vom 26. Februar 2014

Behörde für Lebensmittelsicherheit (EFSA) festgelegte Höchstmenge (tolerable weekly intake, TWI)! -
Die Werte für geschädigte Haut, beispielsweise Verletzungen durch eine Rasur, liegen um ein Vielfaches darüber. Somit wird allein durch die tägliche Benutzung eines aluminiumhaltigen Antitranspirants der TWI möglicherweise komplett ausge-schöpft.-

Obwohl man also offen zugibt, dass die bedenklichen Höchstwerte erreicht und maßlos überschritten werden, wodurch ein großes Gesundheitsrisiko entsteht, bleibt der Stoff weiter auf dem Markt! – Behördenvorschriften, - nicht zum Schutze der Menschen, sondern als *Lizenz zu töten?!*

Der nächste Konservierungsstoff aus dem Bio-Waffen Arsenal *be-wirkt* ebenfalls eine große Vernichtung von *Qualitätsstoff*! **Phenylquecksilbersalze,** - sie wirken stark *mutagen* und *teratogen (Fehlbildung bei Embryos).* Sie haben Wirkung auf das Nerven- und Immunsystem, die teils massiv beeinträchtigt werden. Zudem enthalten sie auch noch eine hohe Anzahl *aromatischer Verbindungen.*
(INCI Deklaration: Benzoic Acid, …. Benzoate).

Dass der Abbau *aromatischer Verbindungen* im Organismus nicht unbedenklich ist, das ist längst bekannt. Insbesondere *aromatisierte Kohlenwasserstoffe* gelten als hoch toxisch und dennoch lässt man nicht ab von ihnen. Ich führe hier einen Abschnitt aus einer Stellungnahme des BfR *(Bundesamt f. Risikobewertung)*[51] an, der mehr sagt, als ich wiederzugeben vermag:

---

[51] www.bfr.bund.de - *Mineralöle in Kosmetika: Gesundheitliche Risiken sind nach derzeitigem Kenntnisstand bei einer Aufnahme über die Haut nicht zu erwarten. Stellungnahme Nr. 014/2015 des BfR vom 26. Mai 2015.*

Gehalten in kosmetischen Mitteln durchzuführen, um so eine repräsentative Datengrundlage zu schaffen.
Auf der anderen Seite bedeutet das Vorhandensein von MOAH-Anteilen in einem kosmetischen Mittel nicht zwangsläufig, dass dieses gesundheitlich bedenklich ist. Allerdings bestehen derzeit noch umfangreiche Datenlücken, die eine solche gesundheitliche Bewertung erschweren. Beispielsweise fehlen belastbare Daten zur **Mineralölaufnahme** über die Haut, die insbesondere die lang andauernde und wiederholte dermale Exposition widerspiegeln. Darüber hinaus bestehen Datenlücken hinsichtlich einer möglichen **oralen Aufnahme** von **Kohlenwasserstoffen** aus **mineralölhaltigen Lippenstiften** oder **Handcremes**. ...."

Ich hoffe, ich bin nicht der einzige, der sich jetzt verarscht vorkommt! – Keine Rede von Kreuz- und Wechselwirkung mit anderen Giften. Diese krebserregenden Gifte werden nicht verboten aber:

„Ab Ende 2015 dürfen in der EU Verbraucherprodukte nur noch 1 mg/kg **eines** der **acht krebserregenden** PAK enthalten. Bei **Spielzeug** und **Babyartikeln** gilt ein Grenzwert von 0,5 mg/kg"- und das obwohl öffentlich zugänglich bekannt ist, dass....

die Aufnahme der Schadstoffe durch die Nahrung, das Trinkwasser sowie durch die Atmung belasteter Luft über die Lunge (wobei Autoabgase und Tabakrauch für die allgemeine Bevölkerung am bedeutendsten sind, sowie durch die Haut (die Penetratoren helfen da noch anständig mit) erfolgt.
Bei Kindern ist die Schadstoff-Aufnahme besonders hoch.
PAK entfetten die Haut, führen zu Hautentzündungen und können Hornhautschädigungen hervorrufen sowie die Atemwege, Augen und den Verdauungstrakt reizen.

Einige PAK sind beim Menschen eindeutig krebserzeugend (z. B. Lungen-, Kehlkopf-, Hautkrebs sowie Magen- und Darmkrebs bzw. Blasenkrebs). Die Möglichkeit der Fruchtschädigung oder Beeinträchtigung der Fortpflanzungsfähigkeit besteht. Zum Beispiel wird das Benzo[a]pyren bei Schornsteinfegern für den Hautkrebs verantwortlich gemacht.
(Auszug aus Wikipedia/Polycyclische aromatische Kohlenwasserstoffe).

Lug und Trug von offizieller Seite, die nur eines im Sinn hat, der Industrie fette Profite zu bringen. Noch viel zu viele Menschen vertrauen auf die Behörden, - auch wenn sie derlei Widersprüche lesen. Auf einmal sollen MOAH sich *nicht zwingend* gesundheitlich negativ auswirken, und die Prüfmethoden der Überwachungsbehörden sowie die Prüfberichte zur Reinheit der *natürlichen Erdölfraktionen* hinken auch etwas, wenn auf einmal ein *5%-iger* MOAH-Gehalt in den erstmals d rauf geprüften Kosmetika festgestellt wird, - man tut recht überrascht, doch für mich macht es den Eindruck, als dass man das nicht wirklich wissen wollte. In der normalen Cremegrundlage finden sich die krebserregenden Gifte wieder, denn sie ist eine MOAH-haltige, *„geprüfte"* und für kosmetische Zwecke zugelassene Schmierölfraktion. – Es handelt sich um GIFT – und es geht nicht um die Mengen, die man sich davon ganz legal *„schadfrei"* verabreichen kann, sondern darum, dass es überhaupt nicht da sein darf! -
Die Unversehrtheit des Körpers ist ein fundamentales Menschenrecht, das in den Gesetzen unberücksichtigt bleibt!

Die Folgen von Schmieröl Fraktionen und Co haben auch noch ein mikrobielles Nebenspielfeld. Schimmelpilze besitzen Sporen und erzeugen durch rasches Wachstum Pilzfäden, die auf Oberflächen einen sichtbar watteartigen Rasen, das *Pilzmycel*, bilden. Pilze treten immer dort auf, wo sie eine Nahrungsgrundlage vorfinden und insbesondere Schimmelpilze können

durch ihre spezifischen Stoffwechsel- und Enzymfähigkeiten sowohl organische, wie auch anorganische Stoffe aufspalten und verdauen *(z.B. Erdöl, Kohlenwasserstoffe)*.
Man muss nicht wirklich ein Experte sein um zu verstehen, dass eine Pflege, die Schimmelpilzen als Nahrungsgrundlage dient, diese zur Besiedlung förmlich einlädt und da reicht schon ein schlechtes Raumklima aus, um den dort herumschwirrenden Sporen einen Anlass zum Besuch zu geben.
Um die Folgen der Schmierölgrundlage zu meiden, verwendet man Gift *(z.B. Fungizide)* anstatt sie einfach zu meiden! -
Leider ist das nicht die Ausnahme. Betrachtet man sich einmal die Liste der zugelassenen Zusatzstoffe dann wird man alles finden, nur eines nicht: *QUALITÄT!* - Alles dient scheinbar nur dazu, um den Verbraucher durch eine über die Medien aufkonditionierte *Qualitäts-Wahrheit* dazu zu bringen, sich mit den *Qualitäts-Giftgemischen* zu Tode zu pflegen! - Die Tragik dabei ist, dass jeder Konsument seine Täter dabei auch noch mitfinanziert! -

Am Ende des kosmetischen Giftcoctails[52] seien noch die *Emulgatoren* benannt, die in der INCI Deklaration als **PEG** *(Polyethylenglycol)* oder PPG *(Polypropylenglycol)* sowie deren Derivate beschrieben werden *(z.Bsp. PEG-8, ceteareth, steareth, sodium laureth sulfate)*. Polyethylenglykole *(meist mit einer Nummer versehen oder der Endung -eth)* werden z.B. in Medikamenten eingesetzt, zur *Penetration*, d.h. sie machen die Haut oder das Gewebe *durchlässiger* für Wirkstoffe, die sich über die *Subcutan-Schicht* im Organismus verteilen können.
In der Kosmetik finden sie vielseitigen Einsatz als Weichmacher, Feuchthaltemittel, Tensid, Salben-/Cremegrundlage und als *Penetratoren*, - die sog. *Schlepper* und *Schleuser*.

---

[52] *TIP:* http://www.rutano.com/bedenkliche-inhaltsstoffe.html

Die Zahl, die hinter der Bezeichnung steht (z.B. *PEG-14*), gibt Auskunft über den *Flüssigkeitsgrad* des Stoffes. Je höher die Zahl ist, desto wachsartiger ist die Substanz. Sie irritieren die Haut und haben oberflächenbetäubende Wirkung, aber sie machen die Haut durchlässiger *(Permeabilität)* und sorgen so dafür, dass neben den *wertvollen* Creme Bestandteilen, auch alle anderen Stoffe aus der Umgebung ungefiltert durch die Hautschichten ins Innere gelangen.

Auch **DMSO** - Dimethylsulfoxid ist so ein „Schleuser", der immer mehr in Mode kommt. Doch sollte man sich fragen, warum die Natur der Haut eine natürliche Filterfunktion auferlegt hat, - weil sie notwendig ist, - weil eben nicht **alles** durch die Hautschichten dringen darf, um ins Innere zu kommen! - Wenn man der Haut gibt, was sie braucht, wird sie ganz von selbst durchlassen, was sie braucht! – Alles was man also mit „Schleusern" *durchdrücken* muss, kann damit nicht im Sinne einer natürlichen Hautpflege sein! – Aber so kommen unspezifische Gift- und Schadstoffe leicht durch die Haut, sammeln sich dort an und *be-wirken* mit dem Erreichen einer *kritischen Masse* dann irgendwann chaotische Zustände, deren Ursache keiner finden kann.-

Deshalb stehen diese Stoffe zu Recht in der Kontroverse, - aber sind sie deshalb weniger geworden? – In der Kosmetik dienen sie als Emulgator oder in Shampoos, Duschgels, Aftershaves, z.B. auch als *Tenside*, die durch ihre *unspezifische* oberflächenaktive Wirkung zwar einen Reinigungseffekt erzielen, aber danach noch weiter wirkaktiv in und am Körper sowie in der Umwelt chaotische Zustände bewirken.
Je weniger Toxine in einem Produkt mit *PEG´s* enthalten ist, desto weniger Schaden können diese Stoffe anrichten. -

Je mehr davon aber ein Produkt enthält, umso mehr werden diese durch *PEG´s* in die Zellen geschleust, - auch *Triclosan* und die *MOAH* aus den Ölfraktionen sowie alle weiteren Gifte des Lebensumfeldes! - Zudem trocknen PEG's die Haut aus und führen zu UV-Lichtirritationen *(z.B. Mallorca-Akne)*.

PEG's geben einen schönen Einblick in die grundlegende Problematik, denn sie sind in ihrer Eigenschaft sehr spezifisch und hilfreich. Sie verlängern z.B. die Halbwertszeit von Stoffen, die ihnen zugesetzt werden, - so kann man z.b. an *PEG* gebundenes *Interferon* über 40 - 80 Stunden im Organismus[53] halten, wohingegen es sich ohne *PEG* nach etwa 8 Stunden auflöste. Die mit PEG verknüpften *(pegylierten)* Proteine *(z.B. Wachstumsfaktoren)* verbleiben wegen einer verzögerten *renalen* Ausscheidung im Organismus, weswegen sich deren Halbwertszeit dort verlängert.
In der Pharmazie werden die *PEG's* für alle galenischen[54] Zubereitungen verwendet und man findet sie in nahezu allen Flüssigzubereitungen *(Injektionen)* und auch in der Zellbiologie sind die *PEG's* eine wichtige Reagenz, z.B. zur Durchführung einer Zellfusion *(Zellverschmelzung)*.
Es wird als Kontrastmittel zur MRT *(Magnet Resonanz Tomographie)* Untersuchung oder zur klinischen Darmreinigung eingesetzt und für Verstopfung gibt es das *Macrogol 3350.* [55]

Die benannten Bereiche sind gerade einmal angeschnitten und endlos erweiterbar, z.B. um Kosmetik, oder den alltäglichen Dingen wie Spül-, Wasch- oder Reinigungsmittel.

---

[53] http://www.infomed.ch/pk_template.php?pkid=282

[54] **Galenik** ist die Lehre von der Zubereitung und Herstellung von Arzneimitteln. Der Begriff geht auf den griechischen Arzt *Galenos* zurück, der 200 n. Chr. lebte.

[55] *Macrogol* ist ein anderer Name für Polyethylenglycol (PEG)

Es ist in Textilien, in allen Bereichen des Wohnraums *(z.B. Lacke, Farben)* da sie im Bereich der technischen Herstellung nahezu überall in Anwendung kommen! -
Ein wichtiger Stoff also, auf den man scheinbar nicht mehr verzichten kann! - Hier entstehen Interessenkonflikte, die ich anhand der Wikipedia-Definition einmal darlegen möchte:

*Die **Polyethylenglycole** weisen außergewöhnlich niedrige Toxizitätswerte auf (akute u. chronische orale Toxizität, Embryotoxizität, Hautverträglichkeit)....* - Aber sie weisen eine **Toxizität** auf! - Hier die Kurzbeschreibung von Wikipedia:

Die Toxizität selbst ist eine Stoffeigenschaft!
Stoffe mit so einer Eigenschaft sind grundsätzlich bedenklich!

*..... Sie werden daher seit Jahrzehnten in Kosmetika, Nahrungsmitteln und pharmazeutischen Zubereitungen verwendet und werden auch in allen relevanten Arzneibüchern aufgeführt. Von der **WHO** wurde eine erlaubte Tagesdosis für PEG in Nahrungsmitteln von **10 mg/kg** Körpergewicht festgelegt.*

Das bedeutet, dass man belegt durch entsprechende Studien davon ausgeht, dass ein 50 Kg schwerer Mensch eine Menge von 500 mg *(0,5 g)* PEG pro Tag oral aufnehmen kann, *ohne* dass eine toxische Wirkung eintritt. PEG bleibt im Organismus solange aktiv, bis es ausgeschieden wird, - hauptsächlich über die Nieren und das kann zwischen 40 und 80 Stunden dauern, - also 2 - 4 Tage und dabei ist die dermale Aufnahme noch nicht berücksichtigt. Dieser *inerte*, also reaktionsträge Stoff, zeigt eine hoch potente *Wirkung* bis in die Tiefen der Zellbiologie *(DNA, Genom)*. Da *PEG's* nahezu überall enthalten sind, ebenso seine *Derivate*, die meist eine sehr viel höhere *Toxizität* haben, kann man schwer berechnen, wie hoch die tägliche Belastung tatsächlich ist und auch nicht, wie hoch die im Organismus kumulierte Menge ist! - Trotz all der tollen Eigenschaften von *PEG*,- der Grundcharakter ist <u>toxisch</u>!

PEG's sind in ihrer Grundeinheit linear verkettete Monomere. Der den *PEG's* zugrundeliegende Monomer ist das hoch toxische *Ethylenoxid*. Daraus werden *PEG's* mittels *alkalischer Katalyse*[56] gewonnen! -

**Ethylenoxid *(EO)* ist ein farbloses, hochentzündliches Gas mit süßlichem Geruch und es ist das einfachste Epoxid. Es ist ein Zwischenprodukt bei der Herstellung von Ethylenglycol und anderen Chemikalien. Ethylenoxid wird als <u>Desinfektionsmittel für Nahrungsmittel, organische Dämmstoffe (Wolle, Pflanzenfasern), Textilfasern und medizinische Geräte verwendet.</u>
Als mutagenes Klastogen ist Ethylenoxid ein Gift, welches Chromosomenaberrationen hervorrufen kann!** - Wikipedia -

Wie war das mit den Dämonen die man rief .... und nun nicht mehr los wird! - Auch, wenn *PEG's* vielleicht selbst nicht giftig sind, so öffnen sie doch das System *Mensch* für alle Gifte um ihn herum und wer weiß, ob sie nicht auch die Halbwertzeit von Viren verlängern, ... viele Fragen, auf die es keine Antworten gibt. Es ist verständlich, dass man solche Stoffe für technische Anwendungen nutzt und auch in der Medizin und Forschung verwendet, - doch sollte der Schutz menschlichen Lebens so vordergründig sein, dass derlei *schwach toxische* Substanzen aus dem direkten Verkehr, - oral wie dermal, - verbannt werden!- Es gibt Alternativen aus der High-Tech Bio-Technologie, mit denen bereits Forschungen im kosmetischen Bereich laufen, die mehr als vielversprechend aussehen und

---

[56] Unter Zugabe von Hydroxid-Ionen (Base) beschleunigt (katalysiert) man Abläufe.

sehr überraschende Ergebnisse lieferten. - Schon bald wird die **Only One®** Kosmetik um diese bahnbrechende biotechnologische Weltneuheit erweitert oder ergänzt, wohingegen der Kosmetikindustrie nur noch weitere Tollheiten einfallen, die Natur mit nicht-toxischen, aber dennoch schädlichen Substanzen zu schädigen! - Und die Konsumenten! - Die sollten sich fragen, ob es wirklich nötig ist, dass es mehr als 80.000 Kosmetik Produkte geben muss, - *80.000* Giftquellen, die jeden Tag schön vor sich hin sprudeln und dabei *Qualität* zerstören!

Um die Kosmetik ergiebig zu machen, reichert man sie mit Plastik-Nanokügelchen an, welche in den Wasserkreislauf gelangen und dazu führen, dass Fische verhungern, da sie für die Fische nicht vom Plankton unterschieden werden können. Immer häufiger findet man Fische, in deren Magen unverdaute, auf kumulierte Plastikkügelchen gefunden werden! Und immer mehr „nano" kommt auf den Markt, oftmals gar nicht ausgewiesen und ohne Risiko- sowie Langzeitprüfung. Die Naturkreisläufe „vergessen" oder „verlieren" niemals etwas und was dort einmal eingetragen ist, das bleibt auch! – Ein wichtiger Aspekt, wenn man der *Qualität* folgt, die nur aus intakten Wasser-, Luft- und Stoff-Kreisläufen entstehen kann.

Ein ganzes Buch ließe sich füllen mit weiteren bedenklichen Substanzen, ihren Folgen und mit all dem, wie man es ***nicht*** machen sollte. All das steht wider das Leben, ist aber von denen, die über uns herrschen erlaubt und so wird es getan. Auch wenn der Zweck die Mittel heiligt, nämlich *qualitäts*arme Nahrung und Kosmetik so lang wie möglich verzehr- und verwendungsfähig zu halten, so dienen die Mittel letztendlich dem Menschen und seiner *Lebensqualität*, die nicht der technischen Zweckmäßigkeit des Produktes unterstellt werden darf. Staat, Industrie und ein Großteil des Mainstreams definieren ihre *Lebensqualität* durch ihre Zweckmäßigkeit! – Ihnen wird es nichts ausmachen, sich auch weiterhin mit Gift zu umgeben, - sich damit zu gesunden, zu pflegen und Gift zu essen. Doch sie sind nicht alleine und all das was sie an Gift aufnehmen, das geben sie auch wieder ab. – Nicht umsonst haben Krematorien extrem hohe Filterauflagen, denn das im Organismus angereicherte Gift, könnte bei seiner Freisetzung durch Verbrennung die Umwelt massiv schädigen! – Das kommt u.a. auch daher, da man bei der Sicherheitsbewertung der einzelnen Stoffe eines Produktes, lediglich die Einzelstoffbetrachtung bewertet und nicht die kumulativen Ansammlungen durch mehrfachtoxische Verwendungen. –

Gift ist überall. – Es kommt immer mehr der Verdacht auf, dass die Regulationsmechansmen des Staates hoffnungslos überfordert sind und dass man längst die Kontrolle über den Gifteinsatz verloren hat. – Wer einen Fehler macht und nicht daraus lernt, macht gleich den zweiten Fehler, - nur, dass in diesem Fall nicht der Staat die Folgen zu tragen hat, sondern die Menschen.

Die Strafe des Lügners ist nicht,
dass ihm niemand mehr glaubt,
sondern dass er selbst niemanden mehr glauben kann.
George Bernard Shaw

Wie viele Tote und Krankheitskarrieren sind der unterlassenen Schutzpflicht des Staates anzurechnen? – Wer übernimmt die Verantwortung für die angerichteten Schäden an Mensch und Natur? –
Niemand wird sich melden denn alle, die an dem *Gift-Gau* in unserer Biosphäre beteiligt sind, verstecken sich hinter ihrem Spruch: „*Ich habe keine Ermessensfreiheit.*" – Obwohl es ein *Mensch* ist, der die Entscheidungen trifft! – Was machen wir

mit einem System, das ohne Gewissensprüfung, vorsätzlich das Falsche macht, dessen Auswirkungen dem Recht auf ein unversehrtes Leben zuwiderhandelt? –
Wussten sie, dass der Papst zum September 2013 in einer offiziellen Bulle, - den *Motu Proprio* - die Immunität aller sog. Würdenträger aufgehoben hat[57]? – Bisher hat die politische Immunität die dort Verantwortlichen ermächtigt, straffrei unmenschlich zu handeln! –

Das ist seit einigen Jahren aufgehoben und so muss nun jeder Farbe für seine Entscheidungen bekennen! – Dem Gesetz von Ursache und Wirkung jedoch kommt niemand aus und es ist nie zu spät, um neue Ursachen zu setzen.
Dennoch, - ich verspreche mir nichts davon, in einen Krieg zu ziehen. Auch wenn dieser gewonnen wäre, - welche Opfer würde er fordern, - zuallererst unsere Menschlichkeit! - Bisher sind die großen Veränderungen immer durch blutige Revolutionen *be-wirkt* worden! – Wir sollten daraus gelernt haben. Alles was lebt, gehört sich selbst und so muss vor allem in Bezug auf das Leben ein neues *Qualitätsbewusstsein* entstehen, wobei die **Wertschätzung** einen Grundbestandteil dieser neuen *Qualität* verkörpert! -

Man darf nur das nehmen,
was man auch geben kann!

Da weder ich, noch irgendein anderer Mensch den ich kenne es vermag Leben zu geben, ist es daher unvorstellbar, es zu nehmen, - wissentlich ebenso, wie unwissentlich! –
Lebensqualität ist ein Seinszustand, der bewusst darauf ausgerichtet ist, ALLES zu fördern was das Leben fördert, aber

---

[57] https://removetheveil.net/2014/11/17/bedeutung-des-motu-proprio-vom-papst-11-7-2013/

auch ALLES zu meiden, was es gefährdet! - Es darf nicht sein, dass man Gifte in Pflegeprodukten erlaubt, die nur der Stabilität und Sinnlichkeitsbetörung minderwertiger Grundstoffe dienen und dem eigentlichen Zweck am Menschen entgegenwirken! -

Es tut mir wirklich leid, dass soviel Negatives an dem Thema verhaftet ist und dass so viele Menschen daran mitwirken, das Negative zu erschaffen und so möchte ich nicht selektiv, sondern ganz pauschal kritisieren, wohlwissend, dass auch ich selbst mich darin einbeziehe. - Wir alle sind ein Teil eines Wirkverlaufes geworden und solange wir uns innerhalb dieses Verlaufes bewegen, werden wir Teile seiner Ursache sein.
Bewegung ist daher kein gutes Rezept, dafür aber Ruhe, aus der wir erkennen und lernen können und die uns immer tiefer absinken lässt, bis wir auf einer kausalen Grundlage angekommen sind, auf der wir einen neuen *Wirkverlauf* entstehen lassen können.

Alles was man tun kann besteht darin, zu **Meiden** anstatt zu **Leiden**; - auch wenn es noch so gut riecht oder sich anfühlt oder augenscheinliche Verjüngung bewirkt, - es ist nur ein kurzer Sinnesreiz, - ein *Kick*, - den man sucht, um gleich danach auf die Jagd zum nächsten *Kick* zu gehen, ohne zu spüren, wie jeder *Kick* den Körper schadet! - Einfach beginnen und den einen oder anderen *Kick* meiden und stets den Fokus auf **Qualität** ausrichten, - alles andere ergibt sich dann ganz von selbst!

Alles wahrhafte Gute im Staate muss errungen
und von vielen heftig begehrt werden,
schenken lässt es sich so wenig wie aufdingen;
Opfer müssen es erkaufen, damit man es habe.
Reinhold Niebuhr

ONLY ONE® - DIE QUALITÄTS-LÖSUNG

Wenn man das Komplexe durchdrungen hat, kommt man in die Einfachheit, die von einer derartigen Klarheit durchdrungen ist, dass man sofort versteht; - nicht die Begriffe und einzelnen Abläufe innerhalb des Mechanismus, sondern den zugrundeliegenden Mechanismus selbst, der gleichsam die Summe all seiner Teile ist, - angefangen von der Ursache, über den gesamten Wirkverlauf, bis zur sicht- und spürbaren Wirkung als Ergebnis! – Diese *Einfachheit* findet sich in der ONLY ONE® Kosmetik als ein *Qualitätsstoff*-Aspekt, denn:

Einfach ist etwas nur dann,
wenn man nichts mehr weglassen kann!

In der Einfachheit beschränkt man sich auf das *Kausale*, was bedeutet, dass man weiß, was benötigt wird. Jede unnötige Zugabe zum wirklich Benötigten, verwässert die Kausalitätswirkung und es entsteht ein sub-optimaler Wirkverlauf, da alles, was nicht benötigt wird, auf Abbauwegen „entsorgt" werden muss, was Energie und *Qualitäts*-Ressourcen kostet.

Einfach kann man erst dann werden, wenn man das komplexe System durchdrungen hat, was dann zum sog. *„Kleinsten gemeinsamen Vielfachen"* führt; - eine Ressource, die grundlegend von allen Teilen des Ganzen benötigt wird, weswegen nach der Zufuhr solcher Stoffe, nichts mehr von ihnen übrigbleibt; - ALLES wird vom System verwendet und es bleiben keine „Abfälle". Darin liegt der eigentliche *Qualitäts*-Aspekt, - in der 100% rückstandsfreien Aufnahme! – Diese wird zwar nicht erreicht werden können, aber man sollte den *Qualitäts*-Trigger dennoch darauf justieren, möglichst wenig Rückstän-de zu hinterlassen, durch die bewusste Zufuhr von *Qualitäts-stoffen* sowie durch das Meiden von *Schadstoffen*.

Die eigentlichen Probleme für unsere Gesundheit bedeuten die vielen Stoffe, die unser biologisches System nicht mehr verarbeiten kann. Aus ihnen gehen Nebenstoffe mit toxischer, degenerativer Auswirkung hervor, die vom Immunsystem entsorgt werden müssen oder als toxische Schlacken ins Fettgewebe eingelagert werden und wer zu wenig Fettgewebe hat, bei dem wird der ganze Müll in der Leber und sogar im Gehirn entsorgt! – Insofern macht es wirklich Sinn, so wenig wie möglich in den Körper zu bringen, das nicht vollständig aufgenommen, bzw. verarbeitet werden kann.

Der Mensch besteht zu 95% aus Wasserstoff-Atomen, was in Masse etwa 60% des Körpergewichts beträgt.
Diese Wasserstoff-Atome sind sehr reaktionsfreudig. Die Art der Interaktionen der Wasserstoff-Atome *(z.B. Redox-Systeme)*, sowie das Verhältnis von Protonen und Elektronen *(pH-Wert)* bewirken auf einer sehr tiefen Ebene des Seins, die *Qualität* des stofflichen Metawesens, - Mensch, Tier, Baum oder Stein, - in ihnen liegt die Grundordnung von belebter Materie.

Man muss nun kein Wissenschaftler sein um zu verstehen, dass alles, was da an ZUVIEL oder ZUWENIG mitwirkt, die Ordnung und damit die *Qualität* mindert! –

Daher der Spruch: **WENIGER IST MEHR!** -

Dies ist nicht meine Theorie, sondern eine Erkenntnis, die deutlich älter ist als ich! -

„Die Zelle ist unsterblich. Allein die Flüssigkeit, in der die Zelle schwimmt, unterliegt degenerativen Prozessen" - *Dr. Alexis Carrel (Nobelpreis für Medizin/ 1912)*

"Voraussetzung, damit die Zelle ewig währt, ist die regelmäßige Erneuerung dieser extrazellulären Flüssigkeit. Nicht jedes Wasser kann „ewiges Leben" gewährleisten. Der Unterschied zwischen einer biologisch aktiven Zellflüssigkeit und gewöhnlichem Wasser besteht in dessen physikalischer Struktur, der räumlichen Anordnung seiner Moleküle (Geometrie). Eine Störung dieser Ordnung ist mit Krankheiten verbunden."
Copyright © The Nobel Foundation 1912

In dem Kontext sollten wir uns fragen, wem die Fülle, die man uns täglich als unentbehrlich verkauft, denn nun wirklich dienen soll? – Die Erkenntnisse zu „Guter Gesundheit" sind bekannt, - warum also lebt man sie nicht? – Warum macht man genau das, was gegen das Leben gerichtet ist und, warum ist es so schwer auf das zu *verzichten*, was schadet? – All diese Fragen haben ganz urpersönlich nur mit uns selbst zu tun und wir müssen eine Antwort darauf finden, auf der wir eine Entscheidung aufbauen! –

Die Naturvölker, die heute noch leben, wie z.B. im *Hunza Tal* oder in tibetanischen Klöstern wo man die Mönche beneidet, wenn sie halb nackt bei - 10° Grad Celsius auf der Mauer sitzen und meditieren, wobei sie keine Kälte verspüren und ihre Körper warm sind! -
Ein Ausdruck höchster Gesundheits-*Qualität* der eine Ursache hat, - *die Nahrung*! - Diese unterliegt einer sehr spartanischen Auswahl, - 1 - 2 Getreide-, Obst- und Gemüsearten aus der Lebensumgebung, dazu erstklassiges Quellwasser und das war es dann! - Ihre Kosmetik besteht aus nativen Ölen, hochwertigen Wasser und frischen Kräutern, die sie nach alter Tradition zubereiten! -

Natürlich kommt alles aus Wildwuchs und wird frisch verzehrt, weswegen eine so hochwertige Nahrung vielleicht kein sinnlicher *Hype* für die Nerven ist, aber bester *Qualitätsstoff* für den Körper, von dem er nicht viel benötigt. Da man nur wenig braucht um satt zu sein, ist der Geschmack oder Geruch auch nicht so vordergründig. Der sinnliche *Hype* wird abgelöst von vitalen, geistig geklärten Seinszuständen! - Wenn das wirklich angestrebt wird und man für die Veränderung bereit ist, dann heißt es: - *Einfach anfangen!*

Daher ist der Einstieg in die Veränderung über die Kosmetik optimal, denn, wenn man hier schon einmal beginnt zu meiden und das Gift aus dem Badezimmer zu verbannen, dann ist für den Beginn schon sehr viel gewonnen! –

Wir können nicht Jahrzehnte lange *Qualitätszerstörung* von jetzt auf gleich beheben, - es ist ein Weg, den man in vielen kleinen Etappen gehen muss, - ein Weg, der *gegangen* werden muss, damit man irgendwann an seinem Ende ankommen kann! – Ein Weg, der unsere innere Veränderungs-bereitschaft mehr, als die äußere verlangt, - ein Weg, der eigene charakterliche Wesensmerkmale mehr beleuchtet, als die von anderen. – Ein Weg, für den man sich aus freien Herzen entscheiden muss!

Das Bedeutsamste und Mächtigste in der Natur ist der Wille. Die Gesellschaft ist unterwürfig aus Willenlosigkeit, deshalb braucht die Welt Religionen und Erlöser. - Alexis Carrel

Fangen wir doch daher damit an, im *Kleinen* Veränderungen zu schaffen, um damit einen Trigger zu setzen, der aus seinem Verlauf eine Eigendynamik entwickelt, von der wir jetzt nur eine vage Vorstellung haben können, und da *der Mensch denkt und Gott lenkt*, macht es keinen Sinn, in der Zukunft zu schwelgen! - Viel wichtiger ist es, im Jetzt eine neue Zukunft zu erschaffen indem man sich verändert und dabei auf *Qualität* ausrichtet! -

Mit der **Only One®** Kosmetik wird ein solcher Trigger gesetzt, mit dem man nicht unerheblich Gift meidet und sich gleichzeitig damit auseinandersetzt, denn wenn ich etwas meiden will, muss ich auch meine Achtsamkeit darauf richten.
Im Umgang mit *Qualitätsstoff-Kosmetik* spiegelt sich die ganze *Qualitätsstoff*-Problematik in und um uns wider und wenn man es schafft auf dieser Ebene eine Lösung zu finden, dann ist diese *invariant* auch für andere Ebenen praktikabel.
Die Einfachheit der **Only One®** Kosmetik basiert auf dem tiefen Verständnis für die Funktionsgrundlagen des Systems „*Haut*" und so ist es auf der monokausalen Ebene des Systems insbesondere das *Fettsäuremuster*, das sich primär auf die Verläufe auswirkt, - sie *be-wirkt*. -
Es gibt bio-/quantenphysikalische Zusammenhänge, die sich aus den Doppelbindungen an den *C-Atomen* der Fettsäure-Ketten ergeben. Sie wirken so, als eine Art „*Antenne* " und Energie-Absorber, indem sie z.B. an den Verbindungen von Wasserstoffbrücken sog. *Elektronen-Tunnels* bilden, in welche *Photonen* gesogen werden, die dort ihre Energie an das biologische System abgeben. Wasser und Fett sind also fundamental wichtig für die Wasserstoff-Brückenbildungen *(Nobel-Preis Medizin: Linus Pauling)* und bilden im harmonischen Zusammenspiel die monokausale Ursache aller Abläufe im Körper!

All das, ist als *emergenter*[58] *Wirk-Verlauf* sehr komplex, weil ja alles daraus entsteht,- aber die Grundlage, die erlaubt, dass

---

58 beschreibt die spontane Herausbildung von Phänomenen oder Strukturen auf der Makroebene eines Systems auf der Grundlage des Zusammenspiels seiner Elemente.

alles komplex sein kann, muss einfach sein! - Dazu benötigt man nur die Grundkomponenten, - die *Stammfettsäuren (Linol-Säure (AS), α-Linolensäure (ALA))* und „*Gutes Wasser*". -

Wenn man sich nur darauf konzentrieren würde, den Bedarf mit bestem *Qualitätsstoff* zu decken, wäre das schon mehr als ausreichend, um den biologischen Mechanismus ganz von alleine anlaufen zu lassen! - Kompliziert aber wird es, wenn man in den komplexen Mechanismus zu „Reparaturmaßnahmen" eingreifen muss, was immer dann notwendig ist, wenn an der Basis zu wenig *Qualität* vorherrscht! -

Wie effizient diese Wasserstoff-Fettsäure Grundlage ist, zeigt z.B. die *Öl-Eiweiß-Kost* der Fettforscherin, *Frau Dr. Johanna Budwig*[59], welche die Basis noch um Eiweiß erweitert hat und damit bahnbrechende Ergebnisse in der biologischen Krebsbekämpfung erzielte, - für die man sie ein Leben lang verfolgt und denunziert hat! -

Damit ist der Weg, den die **Only One®** Kosmetik verfolgt aufgeklärt. Mit anderen Worten, jedem Produkt liegt dieselbe Fettsäure-Matrix zugrunde, die Hans Rausch entwickelt hat, um der *Qualität* an der Basis zu entsprechen, weswegen sie eine funktionelle, *be-wirkende*, Pflege ist! - Alles was drin ist, wird aufgenommen und verwertet, - es bleibt *nichts* zurück, weil *alles* gebraucht wird!

Wir haben aber verschiedene Anforderungen an die Pflege und da kommen jetzt die *Funktionalen Wirkstoffe* ins Spiel.
Auch hierzu eine Erklärung, damit man den Mechanismus verstehen kann.

---

[59] http://www.oel-eiweiss-kost.de/

Stellen sie sich vor, das System Haut wäre ein Fließband, das im Zentrum beginnt und zu einem Ziel nach außen verläuft. Auf dem Weg dorthin stehen viele Arbeiter am Fließband, welche die Teile auf dem Band verarbeiten. All das, was auf dem Fließband erzeugt wird, sind *Bestellungen* die von außen aufgegeben wurden und die benötigt werden, damit das Leben im Außen geordnet weitergehen kann und umgekehrt kommt von außen alles, was Innen zum Leben benötigt wird.
Das Fließband ist die Basis, die das Außen aber nur versorgen kann, wenn die Mechanismen die es antreiben, auch in Funktion sind, - z.b. der Motor, die Walzen oder das Band.
Eine *funktionale Pflege* wäre somit die Wartung, Kalibrierung, Versorgung sowie die Reparatur der Basis-Komponenten.
Damit wird eine optimale Produktionsgrundlage *er-wirkt*.
Die Arbeiter am Band wären die *Funktionalen Wirkstoffe*.
Sie verarbeiten alles, was auf dem Band liegt. Auf dem Band liegt natürlich nur das, was die Basis aus sich heraus geben kann und, hat sie alles was sie braucht, dann wird sie den Anforderung von außen auch gerecht werden können.
So bleibt das Außen gesund, wenn das Innen gesund ist! -

Auf dem Laufband befindet sich aber auch all der Müll, der von Außen kommt, insbesondere *Werbepost*. - Jetzt kann es schon mal vorkommen, dass der ganze Müll mal zu brennen beginnt und dann kommen die *Pseudo*-Wirkstoffe ins Spiel. - Doch sie löschen nicht etwa den Brand, - nein, - sie vollziehen Vorschriften, indem sie z.B. die Arbeiter vom Fließband wegsperren und Segmente, oder sogar das ganze Band abschalten. Wenn sie am Löschverfahren beteiligt sind, dann nur dadurch, dass sie die *Knöpflein* für den Sprenkler drücken, - ist der Sprenkelvorrat aber aufgebraucht, dann geht nichts mehr, denn die Arbeiter zum Nachfüllen hat man weggeschickt! - ***Symptomarbeit***. -

Die *funktionalen Wirkstoffe* sind nun die Arbeiter, die nun drei ganz erhebliche Probleme haben:

1) Sie sind abwesend, weil sie ja von den Pseudo-Wirkstoffen verdrängt wurden und so müssen sie ggf. ersetzt oder ergänzt werden.
2) Das Band wird mit Müll zugeschüttet und die Arbeiter finden ihre Werkstoffe nicht mehr. Zusätzlich müssen sie sich mit den Nebenerscheinungen des Mülls auseinandersetzen und die Ordnung am Band geht über in willkürliche Verläufe, die der Zwangsläufigkeit und nicht der Zielorientierung folgen. Zudem liegt zu viel Sondermüll auf dem Band, für den es keine geregelte Entsorgung gibt und der die Arbeiter krankmacht!
3) Sie haben keine Arbeitsgrundlage, - es fehlen Werkzeuge, Rohstoffe oder einfach nur die Energie für die Arbeiter oder das Band.

Am wichtigsten ist es somit das ganze System wieder in seine Ordnung zu bringen indem man ihm gibt, was es braucht.
Lesen Sie also nun, was die **Only One®** Functional Care denn so alles zu bieten hat und ich hoffe, ich konnte hinreichend die Wirkung und Zielrichtung dieser weltweit einzigartigen *Fuctional Care Cosmetic* beleuchten, was gerade bei Kosmetik sehr schwer ist, denn jeden Tag kommen aus den Labors der Kosmetik-Industrie neue „Weltneuheiten", ebenso wie bei den meisten täglichen Gebrauchsgegenständen, die schon seit Jahrzehnten immer besser und besser werden, oder besser gesagt, immer giftiger und giftiger. -
Doch sie sind ehrlich und schreiben ihre Gifte ganz offiziell aus, - die meisten jedenfalls! - Hans Rausch könnte ein Liedchen davon singen, wie viele Stoffe sich noch in den Produkten des täglichen Gebrauchs befinden, die *nicht* auf dem Etikett oder dem Beipackzettel stehen. - Also,- besser *meiden*, statt *leiden* und die **Only One®** Kosmetik macht den Anfang leicht!

ONLY ONE® - FUNCTIONAL CARE COMPONENTS

Schönheit und Pflege der äußeren Form sind ein Zeichen von Vitalität und Lebensfreude, aber auch ein Akt des Respekts, dem man den Körper damit bezeugt. Indem man sich pflegt und reinigt, schenkt man sich selbst Aufmerksamkeit und arbeitet somit aktiv an der *Qualität* seines Soseins. Die Aufmerksamkeit muss nun jeder selbst mitbringen, den *Stoff*, um sich wohl zu fühlen, findet man in der **Only One®** *Functional Care*, die vordergründig eine Philosophie verfolgt:

Langlebigkeit ist nur erstrebenswert, wenn sie das Jungsein verlängert, nicht aber das Altsein hinauszieht.
Alexis Carrel

Jung bleibt, was **alles** *erhält, um jung zu bleiben!* -

Beginnen wir nun mit dem, das wir alle nutzen müssen, um uns zu waschen, - ein Dusch-Gel und ein Shampoo. Da diese Namen jedoch mit so schlechten Informationen belegt sind, habe ich mich entschlossen sie umzutaufen, in *„Körper-Wäsche"* und *„Haar-Wäsche"*.

Wie schon erwähnt, liegt **ALLEN** Rezepturen die gleiche *Fettsäure-Matrix* zugrunde, jedoch in einer der spezifischen Anwendung angemessenen Dichte. Das bedeutet, dass man damit nicht nur ein klassisches Reinigungsmittel für Haut und Haare hat, sondern zugleich auch noch eine *funktionelle Pflege*. Einzig *funktioneller Wirkstoff* in beiden Formulierungen, ist ein eigens hergestellter Birkenrinden Extrakt.

Only One® *Haar-/Körperwäsche* ist nach biochemischen und systemkonformen, kybernetischen Parametern formuliert, da der Haar-/Kopfhautpflege eine wichtige Rolle zukommt.

Alle Organe im Schädelbereich oberhalb der Nase, werden nicht mehr vom humoralen Immunsystem erreicht! – So geht es bei einer Pflege auch darum, die starken Autoregulationsmechanismen der Haut, samt Ihrer Mikro-Bewohner *(Flora)*, zu unterstützen, da sie ein wichtiger Teil des Ganzen sind.
Das mikrobielle Milieu ist somit ein bedeutender Immunfaktor, weswegen man bei der Entwicklung darauf geachtet hat, das mikrobielle Milieu möglichst nicht in Mitleidenschaft zu ziehen, - im Gegenteil, es soll gefördert werden.
Alle Eingriffe ins Milieu sind reversibler oder selektiver Natur!

Auch pH-Stabilisatoren wie Natrium-Verbindungen, schonen und stabilisieren das vorhandene Milieu. -
Löst man Natriumchlorid im Wasser auf, so dissoziieren sich *Natrium-* und *Chlorid*-Ionen.
Beide nehmen weder zusätzliche Protonen auf *(macht sauer)* oder geben welche her *(würde basisch machen)*. Durch diese Eigenschaft stabilisieren, bzw. puffern sie den pH-Wert einer bestimmten Umgebung.

Die **Only One®** *Körper-/Haarwäsche* ist so sanft, dass man sie noch nicht einmal abduschen müsste, - auch Haarpackungen wären möglich, - mit oder ohne auswaschen – einfach ausprobieren, denn in der **Only One®** *Körper-/Haarwäsche* ist nichts, was sich negativ auswirken könnte, - was nicht ausgespült wird, das nehmen Haut und Haare auf! – Würde man das auch mit dem jetzigen Shampoo ausprobieren? – Übrigens kann man sich auch mit der *Haar-Wäsche* einseifen, ebenso wie man die *Körper-Wäsche* auch zum Haare waschen verwenden kann! -

Aber, - beide Pflegeprodukte lösen den Schmutz innen wie außen ab und so ist es doch empfehlenswert, den Unrat weg-

zuspülen. Andernfalls kann es schon zu Reaktionen kommen, jedoch nicht wegen der Pflegestoffe, sondern wegen dem Müll. Aus Anfangsversuchen weiß ich von Menschen, welche die Körperwäsche großflächig nicht abgewaschen haben und keinerlei Veränderung bemerkten. Auch die Haarwäsche hat man auf dem Kopf belassen, bis sie eingetrocknet ist.
Hier traten jedoch aus bereits erwähnten Gründen Juckreiz auf. Ich probierte beides selbst und kann sagen, dass ich die *Körper-Wäsche* nicht unbedingt abspülen muss, jedoch die *Haar-Wäsche*. Immerhin habe ich sehr dichtes Haar und lange Zeit herkömmliche Shampoos verwendet, die ihre Hinterlassenschaften jetzt absetzen.

Der Hans Rausch sagt ja ganz klar:
Auf meine Haut schmiere ich mir nur das, was ich auch essen würde! -

Das bedeutet nicht, dass er sich jeden Morgen eine *Care/Repair Creme* aufs Brot schmiert! - Das bedeutet, dass auch wenn er auf diese Schnapsidee käme, es ohne negative Folgen für ihn bleiben würde, sehen wir einmal vom schnellen *Durchgang* durch den Darm ab. Creme ist Nahrung für die Haut, - Brot für den Körper und da beides Nahrung ist, ist es auch nicht toxisch und die *Qualität* liegt im *Nähr-Wert,-* oder? - Aber bitte, - Creme zu essen ist so sinnvoll, wie sich mit Brot den Kopf zu waschen. -

Hans Rausch verwendet bei seiner Rezeptur nicht Masse, sondern *Klasse* und so verwendet er nur den speziellen Birken Rinden Extrakt (*Betula Alba Bark*), der u.a. auch Betulin neben einer Vielzahl verwandter Substanzen enthält.
Da dieser Wirkstoff eine sehr tiefgreifende Wirkung hat, auf die ich gleich noch eingehen werde, stellt Rausch die Extrakte selbst her. - Denn nur der *Reinstoff be-wirkt* das, was sich aus

sehr langer Volkstradition, mit maximaler Wirkeffizienz bewährt hat.

Die Birke ist ein *Baum des Lebens*, denn nach Waldbränden ist sie der erste Baum, der aus der Asche des Alten erwächst. - Sie steht für die weiblich nährende Energie, - für Fruchtbarkeit und Anspruchslosigkeit, - sie steht für Neuanfang und Lebenswille, dessen Charakter Anpassung ist, - dünne und flexible Ästchen gehen mit dem Wind und leisten keinen bis nur geringen Widerstand. Dieser *„charakterliche Ausdruck"* spiegelt sich im Hauptwirkstoff der Birken Rinde, - dem *Betulin-Komplex* wieder.

In der Volkstradition wurde der Extrakt aus Birkenrinde bei allen Arten von Hautverletzungen, Haut- und Haarproblemen sowie zur Wundheilung verwendet. -
Da Extrakte aus Birkenrinde seit Jahrhunderten verwendet werden, um verletzte Haut rascher zu regenerieren, hat sich ein Team an Forscherinnen um *Prof. Dr. Irmgard Merfort* vom *Institut für Pharmazeutische Wissenschaften (Albert-Ludwigs-Universität/Freiburg i. Breisgau)* zusammengetan, um nun auf molekularer Ebene zu klären, was der wundheilenden Wirkung eines Birkenextraktes, der aus der äußeren, weißen Schicht der Rinde des Baumes gewonnen wird, zugrunde liegt.

Die Resultate dieser Arbeit, erwirkt über eine interdisziplinäre Zusammenarbeit mit mehreren Einrichtungen und Instituten, wie der Arbeitsgruppe vom *Institut für Molekulare Medizin und Zellforschung* sowie dem *Institut für Experimentelle und Klinische Pharmakologie und Toxikologie* der Albert-Ludwigs-Universität und der Arbeitsgruppe an der Hautklinik der Universität Hamburg, wurden im Jahr 2014 in der Fachzeitschrift „Plos One"[60] publiziert.

Die Studie beschäftigt sich damit, warum der Birken Rinden Extrakt eine so tiefgreifende Wirkung aufzeigt und sie klärt auf, warum er viele hundert Jahre erfolgreich angewendet wurde. Damals entstand der Hauptnutzen deshalb, weil es einfach aus der Erfahrung langer Traditionen, das Mittel der ersten Wahl war und ist. Nur Anwendungen die sich bewährt haben, konnten sich in der Volksmedizin etablieren und die Mittel, die man am meisten verwendete waren diejenigen, welche die beste Verträglichkeit bei ebenso bester Wirkung aufwiesen.

Medizinwissenschaftliche Untersuchungen gab es damals noch nicht, - nur das, was man durch eigenes Erfahren für gut oder schlecht befand und wenn etwas so gut wirkt wie *Betulin-Extrakte der* Birke, hat man es auch verwendet, ohne daran interessiert zu sein, warum das so ist. - Heute haben wir das Gefühl verloren. - Doch dafür denken wir heute mehr und so dienen die wissenschaftlichen Interpretationen des längst Erfahrenen, zu verstehen, warum es wirkt. .... und wenn man verstanden hat, wie es wirkt, ist man auch eher bereit daran zu glauben, dass es wirkt. - Nun also zu den Auswertungen der Studie.

Wie beeinflusst Betulin die Wundheilung?

Verletzte Hautzellen schütten bestimmte Substanzen in der ersten Phase der Wundheilung aus, welche eine vorüber-

---

[60] *From a Traditional Medicinal Plant to a Rational Drug: Understanding the Clinically Proven Wound Healing Efficacy of Birch Bark Extract,* - Ebeling et al, Plos One, 22.1.2014.

gehende Entzündung auslösen. Damit locken diese Stoffe Fresszellen *(Makrophagen)* an, welche die eingedrungenen Bakterien, sowie totes Gewebe beseitigen. Die Freiburger Forscherinnen stellten fest, dass die Stoffe des Birken Rinden Extraktes und speziell sein Hauptbestandteil, *Betulin,* die Anzahl dieser Entzündungsstoffe vorübergehend stark steigerten, wodurch natürlich auch mehr Fresszellen angelockt werden! -

Das hat bei den **Only One®** Pflege Mitteln zur Folge, dass diese kurzzeitig leicht brennen können, wenn man sie aufträgt. -

Nun war es interessant zu erfahren, wie *Betulin* die Anzahl der Entzündungsstoffe verändert?

Diese Entzündungsstoffe sind Proteine *(Eiweißstoffe).*

Damit im Organismus ein Protein hergestellt werden kann, muss sein Bauplan vom Erbgut abgelesen werden, bevor über *Proteinpfade,* die in der Zelle angelegt sind, dann der Herstellungsprozess beginnen kann.

Um den Prozess zu initiieren, muss ein Gen in Boten-Ribonukleinsäure[61] *(mRNA)* übersetzt werden. *Betulin* aktiviert nun Proteine, welche die Halbwertszeit von Boten-Ribonukleinsäure *(mRNA)* verlängern. Eine ähnliche Wirkweise haben wir auch bei den *PEG's* vorgefunden, sie erinnern sich?! -

Dadurch verdreifacht sich die Zeit, in der die *mRNA* eines bestimmten Botenstoffs stabil ist. Auf diese Art und Weise sorgt *Betulin* dafür, dass mehr von den Entzündungsstoffen hergestellt werden können, die dann eine kraftvolle Immunantwort *be-wirken.* - Oh, ein *funktionaler Wirkstoff*! -

---

[61] Als **mRNA** (englisch messenger RNA), auch Boten-RNA genannt, wird das einzelsträngige RNA-Transkript eines zu einem Gen gehörigen Teilabschnitts der DNA bezeichnet. Die **mRNA** wird bei der Transkription von dem Enzym RNA-Polymerase synthetisiert.

Der Birken Rinden Extrakt und vereinfacht das *Betulin* stabilisieren zudem die *mRNA* weiterer Botenstoffe.
In Phase II der Wundheilung, *wandern* vermehrt Hautzellen aus der *Keimschicht* der Dermis, um die Verletzung zu schließen. Birken Rinden Extrakt mit seinen Bestandteilen, wie *Betulin* oder *Lupeol,* fördern diesen Vorgang. Die *Be-Wirkung* liegt nun darin, dass sie mit ihrer Aktivität die körpereigene Abwehr stärker aktivieren und sie nicht im Wirkverlauf *mitwirken*. Die durch sie *be-wirkten* Prozesse führen zu weiteren Ursache-Wirkverläufen, die dem Ganzen bei seiner Heilung dienen. So aktivieren sie Proteine, die am Umbau des *Aktin-Zytoskeletts* beteiligt sind, was der Zelle mithilfe des Strukturproteins *Aktin,* ihre Form verschafft. Damit *be-wirken* die Substanzen aus der Birke, dass *Keratinozyten*[62] – die in der oberen Hautschicht vorwiegend vertretenen Zellen – rascher in die Wunde wandern und sie ausfüllen können.

Das sind also jetzt die Ergebnisse aus evaluierten wissenschaftlichen Studien, doch bevor wir uns die Umsetzung dieser Studie ansehen, möchte ich noch eine Anmerkung von Hans Rausch zu dieser Studie bemerken, der sie kennt und darauf hinweist, was einem Laien nur allzu leicht entgehen kann.

Aus Gründen der Vereinfachung wurde bei dieser Studie nicht, wie richtigerweise vorzugehen wäre, der **spezifische** Birken-Extrakt verwendet, sondern, um die ökonomischen Forderungen der Industrie *(Patentierbarkeit naturidentisch synthetisch hergestellter Reinstkomponenten zur Kapitalbeschaffung*

---

[62] Der **Keratinozyt** (synonym: die **Hornbildende Zelle**) ist der in der Epidermis (Oberhaut) hauptsächlich (über 90 Prozent) vorkommende Zelltyp. Dieser Zelltyp produziert Keratin und differenziert sich im Laufe der Verhornung, während er von der untersten Schicht der Oberhaut zu den obersten Schichten (die der Außenwelt zugewandt sind) gelangt. Im Ergebnis entsteht der **Korneozyt** (synonym: die **Hornzelle**).

der Entwicklung und Herstellung, sind heute als Wirkstoff unabdingbar!) besser erfüllen zu können, wurde nur auf eine Einzel-Hauptkomponente - hier **Betulin**- gesetzt.

Betulin mag eine gewisse Wirkung besitzen, durch den Komplex mit verwandten Substanzen addieren sich aber die pharmakologischen Effekte nicht nur, sondern potenzieren sich sogar vielfach *(gem. Prof. Dr. Hildebert Wagner, einer der bedeutendsten Phytho-Pharmakologen an der LMU München).*
Mit anderen Worten, man hat den *Qualitätsfokus* auf einen Einzelwirkstoff ausgerichtet und dabei die vielen Sekundärkomponenten, welche an der Wirksamkeit des Einzelwirkstoffes beteiligt sind, ausgeblendet. Den Komplex kann man natürlich nicht künstlich herstellen, - einen Einzelwirkstoff schon und so entsteht wieder eine Halbwahrheit, weil man dem Teil des Ganzen die Eigenschaft des Ganzen andichtet.
Daher legt Hans Rausch großen Wert darauf, wenn man über seine Kosmetik-Entwicklung spricht, dass diesem Umstand geschuldet, nur Einzelwirkstoffe mit ihren Komplex-Assoziationen extrahiert werden. Da es sich um Natur-Extrakte handelt, sind diese nicht schutzfähig und daher finanziell uninteressant für die Industrie. Das Verfahren jedoch ist der Schlüssel zum *Qualitätsstoff* und das muss Hans Rausch sich nicht schützen lassen, da vor lauter Halbwahrheiten eh keiner mehr die Wahrheit kennt und/oder kennen möchte!

Dazu ein paar interessante Fakten zu *Betulin*.
Der Naturstoff *Betulin* wurde im Jahr 1788 erstmals isoliert und beschrieben. Er wird als Trockenextrakt zusammen mit *Betulinsäure, Lupeol, Erythrodiol* und *Oleanolsäure* aus der weißen Birkenrinde gewonnen *(wird heute über synth. Verfahren gemacht!).*
Betulin entfaltet interessante pharmakologische Wirkungen an der Haut: Viele Publikationen bescheinigen *Betulin* und nahe verwandten *Triterpenen* antientzündliche,

antiproliferative, antimikrobielle, antivirale, hepatoprotektive und wund-heilende Wirkungen. Bis zu 34 % der Trockenmasse der weißen Birken-Rinde entfallen auf *Betulin*, im Durchschnitt sind es aber nur 22 %. - *Betulin* ist allerdings praktisch unlöslich im Wasser, was u.a. ein Grund dafür ist, dass *Betulin* trotz effizienter pharmakologischer Wirkungen, bisher nur spärlich zum Einsatz kommt.
Es ist nämlich nicht ganz einfach, *Betulin* in eine geeignete Anwendungsform zu bringen. - So rezitiert man oft die wunderbare Wirkung des *Betulin's*, ohne dass es jedoch in Wirkung kommen kann, weil man z.b. einen Extrakt aus den Blättern verwendet oder man beim Extrahieren mit ungeeigneten Lösungsmitteln arbeitet oder weil man es in ein Substrat bettet, das den eigentlichen Wirkstoff verhindert oder gar zerstört. Die modernen Produkte greifen oft zur Kostenreduktion auf synthetisches Betulin zurück. - Ist dies dann *Qualität*? - Es ist in diesem Sinne sowieso fraglich, wie gut *Qualitätsstoffe* wirken können, wenn sie mit Giften zubereitet werden! -

Alles ist in dauerhafter Interaktion *miteinander* und nur selten kommt was Brauchbares hervor, wenn Gift mit Natur reagiert! - Aus diesem Grund geht man oft zur paradoxen Wirkstoff-Philosophie über: *Mehr ist gleich besser!* -

Doch das ist ein Irrglaube, der dem Unwissen entspringt, - es ist genau umgekehrt, - *weniger ist mehr!* - Jedes Zuviel entwickelt aus sich heraus einen *Antagonismus*, - hebt sich also in der Wirkung auf und es kann zu spontanen Reaktionen kommen. - So entstehen z.B. Allergien, da das Immunsystem zu viel von seinem *„guten Abwehrstoff"* produziert, was den Antagonismus in der Form auslöst, dass es nun *„gute Abwehrstoffe"* produziert, um das Zuviel der anderen *„guten Abwehrstoffe"* zu nivellieren. Wenn die beiden *„Guten"* aufeinandertreffen, dann gibt es Entladungen, die z.B. eine Allergie *bewirken* können. Und wenn die *Guten* sich dauerhaft gegenseitig bekämpfen, dann kommt es irgendwann einmal zu Auto-Immunstörungen.

Wieder begegnen wir dem *Qualitätsstoffaspekt,* denn die *Qualität* eines Wirkstoffes erfordert auch ein angemessenes *Qualitäts*-Substrat und wenn man den Wirkstoff dann in Reinstform aus der Urdroge gewonnen hat, dann stellt das nicht zwingend den Optimalzustand dar, da natürlicherweise nicht die Einzelkomponente sondern ein Komplex verwandter Substanzen die optimalen Erfolge in der komplexen menschlichen Biochemie erzielt, woraus sich ein weiterer *Qualitätsaspekt* aufzeigt, nämlich die *Diversität,* - die Vielfalt! -

Betrachten wir uns nun die weiteren Substanzen, welche der **Only One®** Pflege Serie zugesetzt werden, - insbesondere den der *Körper-* und der *Haarwäsche.* Zum Lösen von Verkrustungen und Ablagerungen auf der *(Kopf-)*Haut und den Haaren, benötigt man Substanzen, mit einer sehr spezifischen Reinigungswirkung. Man nennt sie *Tenside!* -
Tenside sind Stoffe, welche an der Oberfläche von Substanzen wirken, indem sie die Oberflächenspannung verändern, was dann veränderte chemische Bindungseigenschaften bewirkt. In unserem Falle wollen wir, dass sich die Ablagerungen, die sich mittels *adhäsiver Kräfte* lokal etabliert haben, ablösen, damit sich die Ablagerungen von der Haut *abscheiden.*
Adhäsionskräfte sind molekulare Bindungskräfte, die an den Oberflächen von Stoffen auftreten und anziehende oder abstoßende Wirkung haben.
Damit weisen derlei natürliche *Tenside* oder *entgiftete Seifenstoffe*[63], die man *Saponine* nennt, Eigenschaften auf, die

---

[63] *Biochemisches Handlexikon VII,*S. 145, Springer Verlag.

man durchaus in einem Waschmittel möchte. Hauptindikator des Waschens ist es doch, Ablagerungen von der Oberfläche zu lösen, sowie darunterliegende auszulösen. Hier gibt es einiges zu beachten, denn *Qualität* bedeutet, dass der Natur kein Schaden entsteht und das ist bei *Tensiden* sehr *formabhängig*!
In Wasch-/Spülmitteln, Shampoos, Duschgels usw. finden Tenside Verwendung, um die „*Löslichkeit*" von Fett- und Schmutzpartikeln, die in der Wäsche oder am Körper haften, in Wasser zu erhöhen. Sie bilden als *Detergenzien (Emulgatoren)* die wichtigste Komponente, um fetthaltige Cremegrundlagen herzustellen. Sie besitzen die Fähigkeit, durch *Modulation der Oberflächen* nicht mischbarer Stoffe, diese ineinander zu verbinden.

Früher verwendete *Tenside* waren u.a. *lineare Alkylbenzolsulfonate (LAS), Alkylpolyglycoside (APG), Esterquats (EQ), Fettalkoholethoxylate (FAEO), Fettalkoholsulfate (FAS)* und *Fettalkoholethersulfate (FES)*. Weil die in den Pionierzeiten der Tenside verwendeten *Alkylphenolpolyglycoether (APEO)* und *Tertrapropylenbenzolsulfonat (TPS)* zu extremen Schaumbildung in den natürlichen Gewässern führten, werden diese nicht mehr eingesetzt.

Heute eingesetzte *Tenside* erfüllen den *gesetzlich* geforderten *Primärabbaugrad*[64], wenngleich es erhebliche Unterschiede beim letztlich erreichten Abbau gibt. Der *Primärabbaugrad* bezieht sich auf den Verlust der *Grenzflächenaktivität* was

---

[64] **Biologische Abbau** ist der nat. Weg, organische Stoffe durch Bakterien aufzuspalten. *B.* finden sich reichlich in den Luft-, Stoff- und Wasserläufen, - sie leben davon, Stoffe in kleinere Bestandteile, Nährstoffe und Wasser aufzuspalten. Da viele Inhaltsstoffe von Wasch- und Reinigungsmitteln hauptsächlich aus Kohlenstoffatomen bestehen können Bakterien diese Stoffe in CO_2, Wasser und Mineralsalze umwandeln wodurch sie kein Umweltrisiko darstellen, weil CO_2, Wasser und Mineralsalze ungefährlich sind.

sich auf den *biologischen Abbau* auswirkt. Der Endabbau ist jedoch erst mit der vollständigen Umsetzung der organischen Verbindung abgeschlossen, was vom Gesetz nicht berücksichtigt wird, und das bedeutet, dass die Tenside noch lange Zeit *grenzflächenaktiv* sind, wenn sie in die Naturkreisläufe zurück gehen. In naher Zukunft werden *Tenside* noch ein großes Thema werden, doch dazu zu gegebener Zeit mehr.

Tenside sind wie viele Stoffe, die man herkömmlicher Kosmetik zusetzt, wichtige Pflegesubstanzen und es gibt Unterschiede, die auch unter Substanzen mit der Eigenschaft von Tenside einen Qualitätsaspekt aufweisen. So gibt es z.B. Bio-Tenside mit *Toti-Potenten* Wirkverläufen, die jedoch niemals gegen die Natur gerichtet sein können, da ihre Wirkung selektiver Natur bei zellkonformer Polarisierung ist. - Es liegen bereits Forschungen bei Hans Rausch auf, die **Only One®** *Care Components* um dieses biotechnologische Highlight zu erweitern. Diese *Bio-Tenside* schaden nicht nur nicht, - sie nutzen sogar noch als Abwasser, um die Natur-, insbesondere die Wasserkreisläufe, wieder zu reinigen. - All das, sowie die folgende Einzelstoffaufklärung der **Only One®** *Care Compo-nents,* soll zeigen, dass es auch anders gehen könnte und man darf sich dabei gerne Fragen, warum man es dennoch falsch macht!

Da man die Creme ja auch essen kann, sollte man schon wissen, was man da isst, wenn man es tatsächlich ausprobieren möchte. Eine Liste aller **Only One®** *Care Components* beinhaltet die Inhaltsstoffe, die vollends aufgeklärt werden. Ich hoffe, dass das vollständige Aufklären aller zugesetzten Stoffe bald mehr Beachtung findet, denn als grundlegende Anleitung auf den Weg zum *Qualitätsstoff,* kann sie sehr dienlich sein, um das EINE oder das ANDERE zu erkennen.

Only One• Haar-Wäsche	Aqua purificata, Coco-Glucoside, *Disodium Cocoyl Glutamate, Sodium Cocoyl Glutamate, Sodium Coco Sulfate, Olea Europea (Olive) Oil, Betula Alba Bark Extract, Maris Sal, Citric Acid, Sucrose Cocoate, Lactic Acid*
Only One• Körper-Wäsche	Aqua purificata, Coco-Glucoside, *Olea Europea (Olive) Oil, Disodium Cocoyl Glutamate, Sodium Cocoyl Glutamate, Sodium Coco Sulfate, Betula Alba Bark Extract, Maris Sal, Citric Acid, Sucrose Cocoate, Lactic Acid*
Only One• Care/Repair	Aqua purificata, *Olea Europea (Olive) Oil, Lanolin Alcohol, Betula Alba Bark Extract, Palm Glyeride (Hydrog.), Methyl Glucose Sesquistearate*
Only One• Chili-Balm	*Olea Europea (Olive) Oil, Popolus Tremuloides Flower Extract, Lanolin Alcohol, Candelilla Cera, Capsicum Annum oil, Arnica Montana Flower Oil*
Only One• Holunder-Melisse Handpflege	Aqua purificata, Butyrosperumum (Shea) Parkii, Melissa Officinalis Leaf Extract, *Olea Europea (Olive) Oil, Simmondsia Chinensis (Jojoba) Seed Oil, Palm Glyeride (Hydrog.), Prunus Amygadalus Dulcis (Sweet Almond) Oil, Cocos Nucifera (Coconut) Oil,* Sambuci Flos Oil, *Olea Europea (Olive) Oil, Persa Grastissima (Avocado) Oil, Phytosterols, Methyl Glucose Sesquistearate*
Only One• Baby Haar- & Hautpflege	Aqua purificata, Coco-Glucoside, *Disodium/Sodium Cocoyl Glutamate, Sodium Coco Sulfate , Cocos Nucifera (Coconut) Oil, Chamaelum nobile* Water, *Sucrose Cocoate,* Rosa damascena Water, *Maris Sal, Olea Europea (Olive) Oil, Citric Acid, Lactic Acid*
Only One• Body & Face Lotion	Aqua purificata, *Olea Europea (Olive) Oil, Palm Glyeride (Hydrog.), Cocos Nucifera (Coconut) Oil, Simmondsia Chinensis (Jojoba) Seed Oil, Butyrosperumum (Shea) Parkii,* Squalane, *Maris Sal,* Rosa damascena Water, *Methyl Glucose Sesquistearate.*

Bestimmte Zutaten wiederholen sich wie *Aqua purificata*, was ein Di-Destillat und damit hochgereinigtes Wasser ist, das vor

allem der Keimfreiheit dienen soll. In so reinen Wässern ist eine mikrobielle Besiedlung extrem gering! -
In der hypersensiblen Pflege wie der *Baby-, Haar-&Körper-Wäsche* oder *Body-&Face Lotion* kommen 2 weitere Wässer zum Einsatz. Das exklusive Rosenwasser *(Rosa damascena Water)* [65] bringt Beruhigung und Entspannung in die Haut und wegen der entzündungshemmenden Eigenschaften, kann man es auch gut als *After Shave* und zur Beruhigung irritierter Haut verwenden. Das betörende Rosen-Aroma gilt althergebracht als *Seelenbalsam*, da *(Natur-)*Düfte der direkte *Zugang zur Seele* sind. Für die extrem empfindliche Baby-Haut wurde die sanfte Wirkung des Rosenwassers noch um einen Kamille-auszug aus der römischen Kamille *(Chamaelum nobile Water)* erweitert. Da die Wirkstoffe der *römischen Kamille, Sequiterpenlactone (u.a. Nobilin)*, die im Gehalt ihres ätherischen Öl's enthalten sind, Entzündungen im Oralbereich vorbeugen und bei Verdauungsbeschwerden helfen, passt das sehr gut zur *Entwicklungs-Karriere* eines Babys.

In den Zutaten befinden sich in der *Körper-* und *Haar-Wäsche* Zitronensäure *(Citric Acid)* und Milchsäure *(Lactic Acid)*. Beides dient der Stabilisierung/Konservierung, aber es hat noch eine weitere, vielleicht nicht so offenkundige Bewandtnis damit auf sich. Sowohl Zitronen- als auch Milchsäure sind Wuchsstoffe für Mikroben. Da man mit jeder Form der Reinigung einen mikrobiellen *Kataklysmus*[66] auslöst, ist es notwendig, dem Haut-Milieu mit derlei Wuchsstoffen bei der Neubesiedlung zu helfen.

---

[65] Die Damaszener-Rose ist Heilpflanze des Jahres 2013. Nach Angaben des Vereins NHV, der die Pflanze dazu gekürt hat, wirkt die Pflanze entzündungshemmend, krampflösend und fiebersenkend. Die Aromatherapie verwendet ihr ätherisches Öl u.a. zur seelischen und körperlichen Entspannung.
[66] **Kataklysmus**: Global umspannendes Weltuntergangs-Szenario

Bei der *Body-&Face Lotion* wurde wegen eines guten Verteilungsverhalten beim Einmassieren der Lotion in die Haut, auf einen *natürlichen Newcomer* bei *Qualitätsstoffprodukten* gesetzt, nämlich auf *Squalane.* -

Squalan ist ein natürlicher Hauptbestandteil des Hauttalgs *(zu ca. 15 %).* Es fühlt es sich seidig weich, aber nicht fettig an.
Squalan ist ein durchsichtiges, völlig geruchsneutrales Öl. Man gewinnt es normalerweise aus Oliven, doch gibt es seit einiger Zeit auch die sog. *Ecocert-Variante,* bei der *Squalan* aus nachhaltig angebautem Zuckerrohr gewonnen wird. -
In früheren Zeiten konnte *Squalan* nur aus der Haifischleber gewonnen werden! - Nachdem es nun in veganer Variation verwendet werden kann, sollte man dies auch tun, wenn einem *Qualität* wichtig ist. In der **Only One®** Pflege wurden *Squalane* jedoch nur funktionell für die *Face-&Body Lotion verwendet,* bei der das Streichverhalten vordergründig war.

Babys Haut sollte jedoch so neutral wie möglich der Umwelt überlassen werden, damit sie sich anpassen kann. Bei allen anderen Produkten erübrigt es sich,- sie sind perfekt, wie sie sind und ein wenig mehr oder weniger, macht sie gleich nicht mehr so effizient.
Doch sollte man sich **Squalan** merken, denn als natürlicher Bestandteil des *dermalen Lipidfilms* handelt es sich bei ihm ebenfalls um einen *be-wirkenden* Stoff, - also um einen *funktionalen Wirkstoff.*

Die bereits angesprochene Fettsäure-Matrix von Hans Rausch wird aus Oliven Öl gewonnen, da Olivenöl vor allen anderen Ölen, die höchste dermale Fettsäure-Konformität aufweist.
Daher findet man in jedem Produkt *Olea Europea Oil,* und zwar nicht irgendeins, - die Ölgrundlage kommt aus Wildwuchs,

was aber nicht extra ausgelobt werden muss, da der *Senso Check®* als Mindestanforderung ökologischen Anbau verlangt! In der Zutatenliste kann man gut die Fettsäure-Dichte an der Position in der Zutatenliste erkennen. Sie beginnt immer mit den quantitativ größten Anteilen und endet mit den geringsten. Taucht das Olivenöl gleich nach Wasser auf, dann ist die Matrix sehr dicht, - taucht sie eher am Ende auf, dann eben nur gering.

Zur *Handcreme*, der *Baby-Wäsche* und der *Face-&Body Lotion* wurden neben Oliven Öl noch andere Ölvarianten verwendet. Diese wurden wegen ihren Eigenschaften eingebracht, die der Pflegeanforderung des dermalen Lipidfilms unterworfen sind. Nachfolgend die Öle und ihre Wirkung:

Sheabutter *(Butyrosperumum parkii)* ist in reinem Zustand bis zu vier Jahre haltbar *(!)* und das auch in tropischer Hitze, denn die *Karitènnüsse* werden von einem Baum gepflückt, der in den Savannen der Sudanzone im tropischen Afrika zwischen Senegal und Uganda gedeiht. Die länglichen grünen reifen Beeren *(ca. 6 cm Länge und 4 cm Durchmesser)* haben einen sehr hohen Öl Gehalt, der bei etwa 50% liegt.
Das Besondere an *Sheabutter* ist der hohe Anteil an *unverseifbaren* Bestandteilen *(ca. 75 % Triterpene, daneben Ölsäure, Triterpenalkohole, Vitamin E, Beta-Karotin und Allantoin[67])*, der zwischen 8 - 11 % liegt. -
Sheabutter enthält primär langkettige, ungesättigte Fettsäuren, deren Hauptbestandteile Öl- *(40–55 %)*, Stearin- *(35–45 %)*, Linolen- *(3–8 %)* und Palmitinsäure *(3–7 %)* sind.
Die **Linolensäure** zählt zu den Stammfettsäuren, die in nicht allzu viel Pflanzen in nennenswerter Menge vorkommen, - im

---

[67] **Allantoin** ist der Wirkstoff der Beinwellpflanze und beeinflusst die Verhornung der Hautzellen positiv. Es fördert die Wundheilung, die Zellregernation und gibt der Haut ein zartes frisches Aussehen

Schnitt 5,5% ist da schon ein deutlicher *Qualitätsstoffaspekt*. **Allantoin**, das auch in der *Sheabutter* enthalten ist, bringt als „*Haut-Reparatur-Substanz*", be-wirkte Erfolge. Ich selbst habe schon Dunkelansätze mit *Anamu (Petiveria alliaceae)*, einer ebenfalls sehr reichen Quelle an *Allantoin* angesetzt, um initiales Dekubitus-Gewebe zur Ausheilung zu bringen. Auch hier ist *Allantoin* das Zentrum eines Komplexes und nur ganz wenig Hersteller verwenden teure Naturextrakte, die wirken. - Lieber einen synthetischen Einzelwirkstoff für billiges Geld, - der wirkt auch, - auf dem Papier und das reicht doch, ... ! - Aus diesem Grund ist die *Sheabutter* Hauptbestandteil der *Handcreme*, da die Haut der Hand eine intensivere Pflege benötigt. Sie ist immer im Kontakt mit der Umwelt weswegen die Creme-Grundlage stabil und anhaftend sein muss und für die notwendigen Reparaturarbeiten immer eine akut wirksame Stoffauswahl *an der Hand* haben sollte. Also so eine Art *eierlegende Wollmilchsau*, - ein *Toti-Potenter Funktionsstoff*.

Eine weitere synergene Ölgrundlage für die *Handcreme* und *Face-&Body Lotion* ist **Jojoba** (*Simmondsia Chinensis Seed Oil*) Öl, das aus den Samen gewonnen wird. Diese haben einen Öl-Anteil von etwa 50%, jedoch hat das Jojoba Öl weniger fette Öl-Eigenschaften. Vielmehr ist es ein *Wachsanteil*, der die Haut in Langzeitwirkung vor Austrocknung schützt, wobei es keinen typischen Fettfilm auf der Haut hinterlässt. Das Öl hat einen hohen Anteil an *Proanthocyanidine* und es enthält neben *Provitamin A,* auch *Vitamin E*, zwei Vitamine, die für die Lipidschicht der Zellen wichtig sind sowie *cyanogene Glykoside (Vitamin B17)*, die einen großen Beitrag zur engtzündungshemmenden Wirkung von *Jojoba Öl* beitragen. Da das Öl bei den vielen Antioxidantien, die sich im *Jojoba* Samen befinden sehr *oxidationsstabil* ist, trägt es zu einer höheren

Stabilität der gesamten Ölmischung bei und verbessert dabei gleichzeitig die Elastizität der Haut. Dies umso mehr, als auch die Fettsäure-Matrix vom *Jojoba Öl* eine *günstige* Zusammensetzung aufweist was soviel heißt, als dass sie uneingeschränkt für alle Hauttypen geeignet ist. *Jojoba Öl* enthält einen natürlichen Lichtschutzfaktor der, wie man aus all den bereits erwähnten Eigenschaften entnehmen kann, ein weiterer sinnvoller Bestandteil des Ganzen ist, was zu einem effektiven, be-*wirkenden* Langzeitschutz führt.

Kokos Öl *(Cocos Nucifera Oil)* kommt gleich in drei **Only One**® *Pflegeprodukten* zum Einsatz, nämlich in der *Handcreme, der Baby-Wäsche* sowie der *Face-&Body Lotion*. Das getrocknete Fruchtfleisch der Kokosnuss enthält etwa 70% Fettanteil, der beim Raffinieren jedoch den größten Teil seiner wertvollen Inhaltsstoffe verliert. Diese *be-wirkenden* Komponenten des *Kokosöls,* sind gleich in mehrerlei Hinsicht interessant und der Hautanforderung opportun. Der Gehalt an **Phyto-Sterolen**[68] im nativen Kokosöl liegt im Mittel bei 150 mg/100g, wobei insbesondere *Sterole*, wie *ß-Sitosterol, Stigmasterol und D5-Avenasterol* darin zu finden sind. *Sterole* sind dem Cholesterin sehr ähnlich und ein Grundbestandteil der Zellmembran. Zu ihren vielen Aufgaben gehört es auch, das Bindegewebe zu stabilisieren oder die *Barriereschicht* der Haut, die sich zu 80 - 85% aus *Sterolen* zusammensetzt, zu regenerieren und zu guter Letzt sind sie der Grundstoff, aus dem durch mirkobielle photocyclische Synthese, *7-Dehydro-Cholesterol* in das allbekannte Vitamin D gewandelt wird. Mit *Kokos Öl* hat man einen unverzichtbaren Helfer, vor allem für die langzeitliche Pflege, denn es ist an den permanent ablaufenden Schutz- und Regenerationsmechanismen der Haut involviert. Da die Regeneration von Hautzellen, insbesondere für die Hände

---

[68] Sterine, auch **Sterole**, sind eine Gruppe von Membranlipiden und biochemisch wichtige Bestandteile der Zellmembran.

wichtig ist, wurde die *Handcreme* zusätzlich um natürliche *Phytosterole* erweitert!
Kokos Öl weist überdies noch eine weitere Stoff-Kombination auf, die den Einsatz von Aluminium in der Kosmetik eigentlich obsolet macht! - Ich spiele auf die *desodorierende (geruchstilgend)* Wirkung von *Kokos Öl* an, die aus einem natürlichen Wirkverlauf entsteht. Durch den hohen Anteil an *Laurinsäure*, entstehen im Öl Verbindungen mit *Capryl- und Caprinsäure*.
In Pflegemischungen, die einen pH von 8 nicht übersteigen *(was bei den meisten der Fall ist)* entsteht aus der Verbindung eine Fettsäure, die toxisch auf *grampositive Bakterien* wirkt.
Die **Hautflora** ist der Überbegriff für Mikroorganismen, welche die Haut natürlicherweise besiedeln. Befindet sich *apokriner*[69] Schweiß auf der Haut, dann kommt er in Kontakt mit diesen Bakterien. Das *Sekret der Duftdrüsen* enthält Stoffe, die hauptsächlich von *Corynebakterien (Mann)* und *Mikrokokken (Frau)* zersetzt werden. Beides sind natürliche Bestandteile der Hautflora, die das Sekret, daraus insbesondere Fette und Eiweiße, zersetzen. Dabei bilden sie übelriechende Nebenprodukte, wie *Butter-, Propion-* oder *Essigsäure*, die man als den typisch *säuerlichen* und/oder stechenden Schweißgeruch kennt.

Mit Aluminium verhindert man den Austritt von Schweiß und damit den daran gebundenen mikrobiellen Prozess, wodurch all das, was aus dem Körper soll, nun in ihm stecken bleibt! - *Kokos Öl* hingegen setzt an der mikrobiellen Steuerung an, die gerade bei Stress, hoher Luftfeuchtigkeit oder aber durch die Körperbehaarung einen spontanen Einfluss auf die Zersetzungsrate und damit auf die Geruchsbildung hat.

---

[69] **Apokrin** (griech.: *krinein* - abgeben). Der Begriff **apokrin** beschreibt die Eigenschaft von exokrinen Drüsenzellen, ihr Sekret zusammen mit dem *apikalen* Teil ihres Zytoplasmas und Teilen der Zellmembran an äußere oder innere Oberflächen abzugeben.

•

Eine totale Geruchshemmung wäre kein *Qualitäts*-Merkmal, denn der Geruch gibt schließlich Auskunft darüber, wann man sich waschen muss, um sich der Schmutzschichten zu entledigen, welche die Haut in ihrer natürlichen Funktion stören. Zudem beugt die *Körper-Wäsche* einer pathogenen mikrobiellen *Infektions Flora* vor, da ja eine *Residente Flora* nahezu verlustig ist und sich alles über die *Transiente Flora* abspielt, auf der naturgemäß meist *abbauende (Anaerobier)* und eher selten aufbauende Mikroorganismen *(Aerobier)* vorkommen.
Ich finde es sehr interessant, wie die Natur eine natürliche Milieuregulierung vornimmt. *Kokos Öl* ist ein Parade-Beispiel dafür, dass die Natur nie mit Einzelstoffen arbeitet und die wahre Kraft und Nachhaltigkeit, nur aus der Summe aller natürlichen Wirkungen *(Stoffe)* hervorgeht. Immer mehr frage ich mich, wozu man all das Gift braucht, was sinnlos jeden Tag in die Naturkreisläufe gelangt! - Es ist doch ALLES Notwendige da!

Jetzt wird es schon spezifischer, denn das **Avocado Öl** *(Persa Grastissima Oil)* ist nur noch in der *Handcreme* enthalten.
Vor allem die belastete Haut der Hände braucht die Vielfalt und die Eigenschaften des Avocado Öl's passen da sehr gut dazu.
Avocado Öl hat eine ganz besondere Eigenschaft, die auf seine bisher wenig bekannten Fettsäuren mit kurzen C-Ketten zurückzuführen sind, nämlich seine gute *Spreitfähigkeit*[70].
Diese Eigenschaft *be-wirkt* in Emulsionen eine konsistenzgebende Wirkung, die u.a. das *Einziehverhalten* fördert.
Avocado Öl enthält die fettlöslichen Vitamine A, E und D.

---

[70] Wesentliche Faktoren für gute **Spreiteigenschaften** einer Substanz sind u. a. Viskosität und Oberflächenspannung: Ölkomponenten mit niedriger Viskosität und geringer Oberflächenspannung breiten sich schneller auf der Unterlage aus, als *hochviskose* Lipide. Folge: die Ausprägung der Rückfettung, fühlbare *(haptische)* Haftung auf der Hautoberfläche sowie das Einziehverhalten.

Jetzt kommen große Schwankungen, die nicht unbedeutend für den *Qualitäts*-Aspekt sind, nämlich der Gehalt an *unverseifbaren Stoffen*. Der schwankt von unter **2** bis **6%**, der aber wahrscheinlich nur noch in der Literatur vorkommt.
Zu den unverseifbaren Stoffen im Avocado-Fruchtfleisch, aus dem das Öl mittels Pressung oder Zentrifuge gewonnen wird, gehören neben den fettlöslichen Vitaminen, *Phytosterole*, über die wir vorhergehend schon gesprochen haben, sowie *Phospholipide (Lecithin)*, die wir meist aus tierischem Fett kennen.
Unverseifbare Bestandteile sind Stoffe, die sich nicht so leicht mit Wasser oder Seife von der Haut lösen lassen. Weist die Creme einen hohen Anteil an *unverseifbaren Stoffen* auf, so bedeutet das, dass die Creme sehr gut in die Hautschicht eindringt und sich dort *verankern* kann, wodurch die Haut, vor Austrocknung, Alterung, Faltenbildung usw., geschützt wird.
Avocado Öl hat zudem eine sehr stabile Fettsäure-Matrix, da der Anteil an mehrfach ungesättigten *(u.a. Linolensäure)* zwischen 9 - 15% liegt. Dem gegenüber steht ein relativ hoher Anteil an gesättigten Fettsäuren *(u.a. Palmitinsäure)* von 15 - 23%.

Ein weiteres verwendetes Öl ist **Holunderblüten Öl** *(Sambuci Flos Oil)* in dem man schweißtreibende *Glykoside* findet, sowie *Flavonoide* mit antioxidativen und entzündungshemmenden Eigenschaften. Diese werden durch die im Öl enthaltenen *Schleimstoffe*, die den Lipidfilm der Haut schüzten, sowie von Bitter- und Gerbstoffen *(z.B. Terpene)* unterstützt.

Mandel Öl *(Prunus Amygadalus Dulcis Oil)*, das ebenfalls nur in der *Handcreme* zu finden ist, verfügt über Glykoside *(ca. 8%)*, darunter auch **Amygdalin** *(Vitamin B17)* sowie einen mittleren Gehalt an Tocopherolen. Was das *Mandel Öl* aber so wertvoll macht, das ist seine sehr gute Verträglichkeit, sowie die Besonderheit, dass nämlich die Doppelbindung der Fettsäure[71] mittig in der Kette sitzt, was sie sehr beweglich macht. Das verleiht dem Öl die Fähigkeit, durch die *Horn-Schicht* der Haut *(Stratum corneum)* zu gelangen und dabei Wirkstoffe mitzunehmen. Auch hier dient ein qualitativ hochwertiges Öl, als Ersatz für bedenkliche *Schlepper!* -

Mandel Öl besteht zu 90% aus *einfach* und *zweifach* ungesättigten Fettsäuren, was es zum Spitzenreiter unter den Ölen macht. - Daher muss man es mit überwiegend unverseifbaren Stoffen kombinieren, damit es seine transportierende und regenerierende Wirkung in den Hautschichten entfalten kann. Und, - man braucht gute *Qualität*. Da der hohe Anteil an ungesättigten Fettsäuren für den Lipidfilm der Haut von *bewirkender* Bedeutung ist, findet sich der *Qualitätsaspekt* in der Konformität der Fettsäuren, - quantitativ wie auch qualitativ! -

Gemäß Behörden *(INCI)* dürfen kosmetische Mandel Öle ganz offiziell mit Sonnenblumen Öl verschnitten werden.

Zur Herstellung von *Mandel Öl* ist es gem. amerikanischen Arzneimittelbuch *(USP - U.S. Pharmacopeia)* erlaubt, dieses auch aus dem *Bruch* anderer *ölhaltiger Kerne* herzustellen. Man muss also darauf achten, was man wirklich bekommt und am besten ist es, wenn man es direkt von *Qualitäts*-Herstellern bezieht, - dann weiß man, was man hat!

Im *Chili Balm* ist ein weiteres, sehr spezielles Öl enthalten, nämlich Capsicum **Annum Oil**, das seinen Namen von den in ihm enthaltenen *Capsaicinen* hat.

Capsaicine sind *lipophil* und damit löslich in allen fetten Ölen, Esther, Chloroform, Ethanol und Aceton. In Wasser ist es aber nahezu unlöslich. Um an die *scharfen Teile* zu kommen, muss man die Chili Schoten daher in Öl einlegen, - die anderen

---

[71] Man nennt das auch **Kinken-Struktur** der Ölsäure.

Alternativen sind da eher ungeeignet. *Capsicum*-Arten enthalten neben *Capsaicin* weitere *Capsaicinoide*, z.B. *Dihydro-, Nordihydro-, Homodihydro-* sowie *Homocapsaicin*. *Capsaicin* wird eine lokal wärmende, durchblutungsfördernde, reizende und schmerzlindernde Wirkung belegt.
Als Creme oder Pflaster hilft es bei Nervenschmerzen und nicht nur da. Auch bei Muskel-/Gelenkschmerzen sowie bei rheumatischen Beschwerden, werden *Capsaicinoide* schon seit langer Zeit verwendet.
Ein zwar manchmal unangenehmer, jedoch völlig unbedenklicher *Side-Effect* dabei sind lokale Reaktionen, wie Brennen und Hautrötung. - Eine große Gefahr beim *Chili Balm* ist der unachtsame Umgang mit den Händen nach dem Auftragen. - Ein unachtsamer Griff in und um die Augen oder an sonstige empfindliche Stellen, kann schon sehr unangenehm sein, - Also, - nach dem Schmieren gleich die Hände intensiv waschen, insbesondere, wenn Kleinkinder und Haustiere da sind. Es bietet sich hier an sog. Fingerlinge oder Einmalhandschuhe zu verwenden, um diese *Probleme* zu umgehen.

Die Wirkeigenschaft der *Capsaicinoide* sind beim *Chili Balm* der *be-wirkende* Stoff für den man einen Haut-Transporter erschaffen hat, der ihn dorthin verbringt, wo *be-wirkt* werden muss, nämlich am und beim Nerv. Jede Form von Verletzung oder Entzündung bedeutet ein großes *Zellsterben*, dem der Zerfall vorausgeht. Besonders beim Zerfall setzt die sterbende Zelle *Zerfallsstoffe* frei, welche an Nerven-Rezeptoren binden, wobei sie so etwas wie einen *dauerhaften Kurzschluss* verursachen, was dann den fühlbaren Schmerz vermittelt.
Dabei entsteht Wärme, verbunden mit Stauungen sowie Schwellungen. - Die Zerfallsprodukte können nicht mehr ausgeführt werden und erzeugen immer mehr *Kurzschlüsse* im umgebenden Nervensystem. -

Capsaicin bringt Hilfe durch die gefäßerweiternde, *vasodilatierende Wirkung*, vor allem aber dadurch, dass es die Zerfallsprodukte zersetzt, womit verhindert wird, dass diese das Nervensystem weiterhin permanent kurzschließen.
Um das *be-wirken* zu können, benötigt das *Capsaicin* einen Transporter, - einen sog. *Carrier*, - dessen Bestandteile den Rest der Rezeptur ausmachen. Mit dem *Chili Balm* haben wir die lustigsten aber auch, die effizientesten Erfahrungen gemacht, denn Entzündungen, Kopf- und Verspannungsschmerzen sind auf vielerlei Weise im Alltag vertreten, was zu vielen Erfahrungen, mit verblüffend schnellen Ergebnissen führte. - Allerdings kann es schon 2 - 3 Tage etwas mehr wehtun und brennen, da der Abbau der Zerfallsstoffe eine sog. *Heilkrise* auslöst, - aber dann ist es vorbei. - Wie heißt es doch so schön:

Der Weg zur Heilung führt durch den Schmerz.

Candelilla-Wachs *(Candelilla Cera)* ist eine weitere, eher ölähnliche Zutat, die aus *Wolfsmilchgewächsen (Euphorbiaceae)* gewonnen wird. Diese umfassen etwa 6.000 Arten, die meist in tropischen Gebieten vorkommen.
Insbesondere der *Kautschuk*, - die weiße Milch im Inneren der meist blattlosen, dünnen Ästchen, enthält eine Vielzahl von höchst aktiven Substanzen. In der Kosmetik wird *Candelillawachs* aus verschiedenen *Euphorbiaceae* Arten gewonnen. Daraus entsteht ein braungelbes, leicht brüchiges Hartwachs, das zu ca. 50% aus <u>gesättigten</u> Kohlenwasserstoffen besteht. Dazu gibt es Wachsester, freie langkettige Alkohole, Säuren sowie Harze. Diese Stoff-Kombination *be-wirkt* die Bildung eines *Films*, der sich aus den zugesetzten Stoffen bildet.
Dieser Film schützt das Strukturprotein, *Kreatin*, und damit vor Nagel- und Haar-Spliss. Der Film entspannt die Haut,

macht sie geschmeidig und glättet sie. Gleichzeitig hilft er, die Wirkstoffe aus dem *Chili Balm,* in die Haut zu transportieren.

Das letzte Öl in den Zutaten befindet sich ebenfalls im *Chili Balm,* - **Arnika Öl** *(Arnica Montana Flower Oil).* - Es wirkt nicht nur antibakteriell und entzündungshemmend, sondern ebenso schmerzstillend und krampflösend. *Hildegard von Bingen* oder auch *Sebastian Kneipp* verwendeten Arnika wegen der effektiven Stoffe aus den leuchtend gelben Blüten. *Arnika* in freier Wildbahn unterliegt dem Naturschutz, da die einst überall verbreitete Pflanze, heute vom Aussterben bedroht ist, - nur noch kultivierte Ableger liefern nun die Stoffe aus der Volksmedizin! - Die heutigen Kenntnisse aus Bio-/Phyto-Chemie klären die Wirksamkeit auf und wir werden sehen, dass das Stoffgemisch aus *Arnika* eine synergene Andienung an die *Be-Wirkung* der *Capsaicinoide* ist, was in Summe zu den hervorragenden Ergebnissen des *Chili Balms* führt. Zu den wirkaktiven Stoffen der Arnikablüten gehören *ätherisches Öl, Flavonoide und Sesquiterpenlactone*[72]. Die Wirkung dieser Stoffe ist entzündungshemmend und antiseptisch. Arnika ist *muskelverspannungsrelaxierend,* was den Heilungserfolg positiv beeinflusst, - *immer locker bleiben......* .
Außerdem enthalten Arnikablüten *Thymol (als Ester/Ethern), Hydroxycumarine, Phenylarcylsäuren* und *immunstimulatorisch* wirkende *Polysaccharide (z.B. D-Glucan).*
Helenalin- bzw. *Dihydrohelenalinester* wirken antibakteriell und *antiarthritisch*. Derlei *antiarthritische* Stoffe katalysieren *(in-)*direkt den Abbau von Entzündungsfaktoren sowie Ablagerungen, wodurch sie ursächlich Schmerzen und Entzündungen verringern. Eine Öl-Zutat, die vordergründig der

---

[72] Sie fungieren als Abwehrstoffe. Diese Funktion wird einerseits durch ihren bitteren Geschmack und andererseits durch Eingriff in den Stoffwechsel anderer Organismen erfüllt.

Funktionalität zur Wirksamkeit unterstellt wurde und das zu Recht, da die *Qualität* der Wirkstoffe seit jeher zur heilsamen Anwendung kam.

Im Zuge des *Qualitätsstoff*-Gedankens muss es ein vordergründiges Ziel sein, den Wildwuchs von Arnika wieder zu fördern. Man kann sich **noch** echten Arnika Samen kaufen, z.B. bei *Arche Noah Sortenhandbuch online* und den Samen beim Spazierengehen, etwa in Wiesen oder Waldlichtungen verteilen; - mit wenig Geld einen großen Beitrag zur Artenvielfalt und Erhaltung leisten! -

Mit den Ölen, welche den **Only One®** *Pflegeprodukten* zugesetzt werden sind wir nun durch und so lenken wir unser Augenmerk nun auf zwei verbleibende Wirkstoffe.

Der erste Wirkstoff im *Chili Balm,* ist ein Extrakt aus den Blüten der *Zitterpappel (Populus Tremuloides Flower Extract).*
Da dieser Blüten-Extrakt gleich an 2. Stelle der Zutatenliste kommt, sehen wir uns diesen einmal genauer an, um zu erfahren, was diese wenig bekannte Kosmetik Zutat denn so alles zu bieten hat. *Espen,* oder *Pappeln* bilden als sekundäre Inhaltsstoffe *Polyphenole* aus, von denen die quantitativ bedeutendsten u.a. sog. *Phenol-Glykoside*[73], *Flavonoide* und *Tannine*[74] sind. Zu den *Phenol-Glykosiden* zählen *Salicortin, Tremuloiden, Tremulacin* und *Salicin*. Sie sind besonders in Blättern, Zweigen und in der Rinde vorhanden und dienen der Pflanze als Fraßschutz, in dem sie das Wachstum der meisten Insekten Arten hemmen! - Ähnliche Effekte kennt man vom indischen *Neem-Baum,* dessen Schwefelteile die Fresslust und

---

[73] **Phenolglycoside** sind eine Gruppe von Glycosiden, bei denen ein Phenol über eine glycosidische Bindung mit einem Kohlenhydrat verknüpft ist. Phenylglycoside sind in der Natur weit verbreitet;
[74] **Tannine** (franz.: *Gerbstoff; kondensierte Proanthocyanidine*) sind pflanzliche Gerbstoffe die z.B. bei der Weinherstellung eine Rolle spielen.

Metamorphose von Insekten hemmen, weswegen sie diesen meiden.
Auch *Salicin* ist ein ebenfalls nicht unbekannter Stoff, der vor allem in der Weidenrinde reichlich vorkommt.
Salicylalkoholglycoside (Salicin, u. a.), werden im Darm zu *Salicylalkohol* und *Glucose* gespalten. Nach diesem Schritt erst erfolgt in der Leber die Umwandlung zu *Salicylsäure (2-Hydroxybenzoesäure)*. Die *Salicylsäure* wiederum verhindert die Synthese von entzündungs- und schmerzauslösenden *Prostaglandinen*[75] *(ungesättigte Carbonsäuren)* durch die Blockierung des Enzyms *Cyclooxygenase (COX)*. Die Hemmung von Entzündungsfaktoren ist für den Anwendungsbereich des *Chili Balms* fundamental. Die Hemmung von *Cyclooxygenase* führt aber dazu, dass temporär keine *Prostaglandine* mehr produziert werden. Dabei gibt es aber *Serie-1-Prostaglandine*, welche der Entzündung entgegenwirken und *Serie-3-Prostaglandine*, die ebenfalls als entzündungshemmend gelten. Dies ist jedoch nur eine Hälfte der Wahrheit, - sie regulieren, bzw. verringern die *Serie-2-Prostaglandine*, die für Entzündungen, rheumatische Beschwerden, Schmerzzustände, Allergien, Bluthochdruck oder auch Asthma *(u.v.m.)* verantwortlich sind.

Der Extrakt, der wie alle Extrakte aus der Eigenherstellung kommt, hat aber einen nur geringen Gehalt an *Salicin*, da im *Chili Balm* nicht ein *(Pseudo-)*Wirkstoff wirkt, sondern eine ganze, homogen aufeinander abgestimmte Wirkstoffgruppe. Wenn man sich nur den *Wirk-Charakter* vom *Salicin* in seiner Auswirkung betrachtet, ist damit noch nicht berücksichtigt, dass seine drei Artgenossen *(Phenol-Glycoside)* einen ähnlich weitläufigen *Wirk-Charakter* haben und dann gibt es noch

---

[75] **Prostaglandine** sind Lokalhormone (Klasse: *Eikosanoide*) die sich von der Arachidonsäure ableiteten. Sie spielen eine Rolle bei der lokalen Schmerzvermittlung und als Mediatoren für die Wirkung von Hormonen, lösen oder hemmen je nach Typ (D2, E2, F2alpha, G2, H2 u. I2) Fieber und Entzündungen.

zwei weitere *Phenole* mit Unterarten, die ebenso breitgefächerte *Wirk-Eigenschaften haben*. Dies soll verdeutlichen, wie viel Wissen erforderlich ist, um eine wirkliche *funktionale Kosmetik* zu entwickeln *(die bewirkt)*, in der ein hoch spezifisch formulierter Wirkstoff-Verbund in und zur Wirkung gebracht wird. -

Jetzt gibt es nur noch eine Zutat im *Chili Balm*, die wir aber auch in der *Care/Repair Creme* finden, nämlich **Wollwachs-Alkohol** *(Lanolin Alcohol)*, aufzuklären. Dieser dient der Stabilität der Creme und ebenso der Haut! -
Wollwachsalkohole haben den großen Vorteil, dass sie unverseifbar sind. Die unverseifbaren Bestandteile des Wollwachses bilden eine fettige, wachsartige Substanz, die typischerweise aus den Talgdrüsen von Schafen gewonnen werden, die aber auch beim Menschen vorkommt.
Seine natürliche Schutzfunktion für das so genannte *Vlies*, - das wollige »Fell« der Tiere, - besteht vorwiegend aus *Sterolen*[76] *(tier. Fette, Cholesterol o. Lanosterol u. a., - pfl. Fette, Phytosterol)*, *aliphatischen*[77] Alkoholen und Alkoholen mit Kettenlängen zwischen 16 - 30 C-Atomen, die man auch *Fett- und Wachsalkohole (> C 22)* bezeichnet. Derlei Alkohole lassen sich als *nichtionische Tenside* in den Cremegrundlagen als *Oberflächen-Öffner* nutzen.

Der Alkohol wird nach dem Verseifungsprozess der Wollwachsfette, aus dem Unverseifbaren Anteil gewonnen.
Für diese Applikationen war *Wollwachsalkohol* gegenüber dem reinen *Lanolin*, das klebrig und schwer ist, bevorzugt.

---

[76] **Sterine**, auch **Sterole**, sind eine Gruppe von Membranlipiden und biochemisch wichtige Bestandteile der Zellmembran aus der Obergruppe der Steroide.
[77] **Alipathisch Verb.** sind organische chemische Verbindungen, die aus Kohlenstoff und Wasserstoff zusammengesetzt und **nicht aromatisch** sind.

Die pflegende Wirkung die er schenkt, entsteht aus ähnlichen Substanzen, wie den unverseifbaren Stoffen in *Sheabutter* und anderen pflanzlichen Ölen, welche die *Lipidlayer* in der Hornschicht der Oberhaut versorgen und die Feuchtigkeitsbindung der Haut verbessern.

Einen Wirkstoff-Extrakt haben wir noch, der aber nur in der Handcreme enthalten ist. Dort finden wir ihn an Position 3 der Zutaten. **Zitronen Melisse** *(Melissa Officinalis Leaf Extract)*, die zur Arzneipflanze des Jahres 1988 gekürt wurde.

Das hat seinen Grund, den man sehr leicht verstehen kann, wenn man sich die Bandbreite an sehr unterschiedlichen Wirkstoffen betrachtet. In *Melissen Blätter* finden sich 4 - 7 % *Hydroxyzimtsäure-Derivate*. Dazu gehören Rosmarinsäure *(sog. Labiatengerbstoffe)*, *Chlorogensäure*, *Kaffeesäure* sowie *ätherisches Öl (ca. 0,05 - 0,3 %)*, - in Zuchtsorten findet man Anteile bis zu 0,8 %. Hauptbestandteile sind *Citral (40 - 70 %, als Gemisch aus Geranial und Neral), Citronellal (1 - 20 %) und ß-Caryophyllen (5 - 15 %)*. Insbesondere das *ß-Caryophyllen*, das besonders reichhaltig auch im *Cannabis Sativa* vorkommt, hat es „in" sich, da es nach wissenschaftlichen Studien[78] den *CB_2-Rezeptor* bindet und damit den Ausbruch aller Krankheiten die darauf beruhen, - und das sind nicht wenige[79], - verhindert! - Der *Vitamin-C-Gehalt* frischer Pflanzen liegt bei ca. 250 Milligramm *(mg)* je 100 Gramm Frischgewicht.

In diesem Extrakt finden wir eine unwahrscheinliche Stoffvielfalt an höchst *funktionalen Wirkstoffen*. Doch kann man an den prozentualen Gehaltsangaben deutlich erkennen, dass die Schwankungen sehr hoch sind und dass es daher eine entscheidende Rolle für die *Qualität* des Extraktes spielt, welche

---

[78] **beta-Caryophyllene** ist entzündungshemmender Wirkstoff in Cannabis (http://www.organische-chemie.ch/chemie/2008jul/beta-caryophyllene.shtm)
[79] Bsp.: Leberzirrhose, Morbus Crohn, Osteoarthritis und Arteriosklerose u.a.

Qualität der Ausgangsstoff hat. Da es viele flüchtige Stoffe gibt, ist der Zeitfaktor von Ernte und Verarbeitung ebenso entscheidend. Damit ist nun auch die Handcreme vollends aufgeklärt, die eine sehr anspruchsvolle Komposition darstellt. Doch so wie der Star-Dirigent *Thomas Ludescher* mit *funktionaler Musik* den Einklang *be-wirkt*, so *be-wirkt* Hans Rausch den Einklang der Stoffe und Moleküle mit *funktionaler Körperpflege*. -

Eine weitere natürliche Zutat, die uns bei vier **Only One®** *Pflegeprodukten* in den Zutaten begegnet, ist *Maris Sal*, - Meersalz. Der hohe natürliche *Na-Chlorid*-Anteil ist, wie zuvor schon dargestellt, ein Säure-Basen-Stabilisator. Andererseits dient Salz als Reaktionsmittel für die *biogene Elektrophorese*, die bei der Hautverdunstung entsteht. Bei vielen dermatologischen Problemen wird man ans Meer geschickt, da in dieser Umgebung, durch das salzhaltige Wasser und der Meeresbewegung, die natürliche Elektrophorese in der Luft gesteigert wird, was sich auf die Oberfläche der Haut als Grenzorgan auswirkt. Das bringt wieder Bewegung in das Haut-System, dessen Poren, u.a. durch Schmierölfraktionen sowie anderen ungeeigneten Kosmetikstoffen, *zugekleistert* werden.
Erst durch die erweiternden Effekte der Elektrophorese, können darin eigelagerte Stoffe wieder abgegeben werden, so dass die Haut wieder in die Lage versetzt wird, sich selbst zu regulieren, - bis man wieder erneut anfängt, sie zuzukleistern.

Ein erhöhter Ionen-Tausch an der Hautoberfläche ermöglicht u.a. auch eine bessere Durchdringung *(Penetration)*. Neben den rein funktionellen Zweckdienlichkeiten, hat Salz in einer hohen Güte auch noch quantenmechanische Attribute, die man zwar nicht sehen, dafür aber spüren kann.

Das Zauberwort heißt *Kohärenz* und es gibt kaum einen Stoff auf der Erdoberfläche, der eine höhere *Kohärenzwirkung* hat, als Salz. - *Kohärenz* erzeugt auf kausaler Ebene *Einklang*, was dazu führt, dass die *Stoff-Komposition* in sich harmonisch wird. Salz ist ein Entstörer von *E-Smog* sowie anderer pathogener Strahlen, u.a. radioaktive *Alpha*-Strahlen, die sich vermehrt im Wasser auf kumulieren. Die Quelle des abgereicherten Urans (^{235}U) das die Alpha-Strahlung verursacht, ist die hirnlose Verwendung von *Uran-Munition*[80], die als panzer-brechende Geschoße verballert werden. Mehr als **2000 Tonnen** des abgereicherten toxischen Mülls kommt über *Uran-Aerosole* in die Atemluft, die Böden und in unser Trinkwasser[81], das jedoch nicht darauf getestet wird[82]! -
Aufgrund der globalen Wasserverunreinigung ist auch hier der *Qualitätsaspekt*, insbesondere auf die Rückstände hoch toxischer Schmermetalle, die sogar unter die Rubrik „*Kontakt-Gift*" fallen, von primärer Bedeutung. Wieder einmal wird deutlich erkennbar, wie wichtig es ist, einen Fachmann zu haben, der an der Basis *Qualität* verwenden und testen kann. Nur *eine qualitätsfeindliche* Zutat, kann die Funktionalität der gesamten Formulierungen zerstören! -

Dank **Senso Check**® müssen wir uns aber bei der **Only One**® Pflege keine Gedanken machen, denn die Auflagen für diese *Qualitätsprüfung* liegen weit über dem, was die Behörden heutzutage alles zulassen! - Anders gesagt:
Nur etwa *5 - 10%* der heute zugelassenen und auf dem Markt befindlichen Produkte, könnten die Anforderungen des *Senso Check*® erfüllen und ich habe unter Einbezug der Bio-Angebo-

---

[80] International Coalition to Ban Uranium Weapons, Dez. 2012, 1.Auflage
[81] http://afaz.at/index_du.html
[82] http://www.holisticart.eu/redaktion/naehrstoffsicherheit-uran-im-trinkwasser.187.157.de.html?mwdSID=tebk08upb3kq36n43vqhp2heb2

te mit ihren *Unkritischen Gift-Konzentrationen* sehr großzügig gemutmaßt! -
Klarheit und Transparenz sind *Qualitäts*-Attribute und so klären wir nun auch die anderen Stoffe auf, die für die **Only One**® *Care Components* verwendet werden. Arbeiten wir uns von unten nach oben vor und beginnen wir mit dem **Methyl Glucose Sesquistearat**, das in drei Produkten enthalten sind. - Was hat es damit auf sich. Dieser natürliche Emulgator wird aus *Palmitin-* und *Stearinsäure* mit *Glucose* hergestellt.

Als *nichtionischer*[83] Emulgator wird er hier für die **Only One**® *Cremes* und *Lotionen*, die sich im Fettphasenbereich zwischen 15-25% *(Lotionen)* und 25-40% *(Cremes)* bewegen, verwendet.

Das betrifft die *Care/Repair, Hand-Creme* sowie die *Face-&Body Lotion*. - Der Emulgator *be-wirkt* eine *glatte, seidige* Emulsion, die auch unter Zugabe von Salzen, Säuren sowie anderen Elektrolyten sowie bei pH-Wert-Schwankungen zwischen *3,5 und 8,5*, stabil bleiben! -
Er wird als *Co-Emulgator* zugeführt, da die Verwendung von natürlichen Emulgatoren nicht ausreicht, um die *Qualität* der *Creme-Konsistenz* zufriedenstellend hin zu bekommen.
Mit dieser Alternative, die sich sowohl auf die Cremegrundlage, wie auch auf den Organismus *Haut,* ohne schädliche Nebenwirkungen auswirkt, erreicht man eine deutlich bessere *technische Wirkung*, als wie mit den zugesetzten Giften in herkömmlicher Kosmetik. - Jedoch hat *Qualität* seinen Preis, da man deutlich mehr natürliche Emulgatoren verwenden muss und der Arbeits- und Kostenaufwand damit nach oben geht! -

---

[83] **Nichtionische Tenside / Niotenside:** Tenside, die keine dissoziierbaren funktionellen Gruppen enthalten und sich daher im Wasser nicht in Ionen auftrennen. Wie jedes Tensid sind auch die nichtionischen Tenside aus einem unpolaren und einem polaren Teil aufgebaut.

Eine andere Zutat, die ebenfalls in den drei zuvor benannten *Only One®* Components enthalten ist, sind die sog. *Palm Glyceride*. Sie werden durch Wasserstoffextraktion *(Hydration)* gewonnen, was nach der Bezeichnung in Klammern mit *Hydrogenated* angegeben ist. *Glyceride*, die bei Raumtemperatur fest sind, bezeichnet man als *Fette*, die flüssigen als *Öle*.

Sie haben sog. *amphiphile* Eigenschaften, was Lipiden z.b. den Übergang aus dem Darm ins Blut ermöglicht. Somit haben sie emulgierende und oberflächenaktive Eigenschaften, was sie in die Funktion eines Emulgators und Tensides bringt.
Beide Eigenschaften wirken synergen mit den anderen zugesetzten natürlichen Emulgatoren zusammen und können als normale Bestandteile des menschlichen Bio-Systems auch vollständig abgebaut, bzw. verwertet werden. Insbesondere die *Glyceride* aus der Palme eignen sich dazu bestens.
Einerseits wegen ihrer guten Verträglichkeit, andererseits wegen ihrer pflegenden Eigenschaften für Creme und Haut.

Sie tragen dazu bei, dass sich die Cremegrundlage gleichmässig auf der Haut verteilt, - sie stabilisiert die Haltbarkeit und das homogene Zusammenwirken aller Bestandteile. Die Haut wird dabei geschmeidig und geglättet. Als *nichtionisches Tensid* verringern *Palm Glyceride* die Grenzflächenspannung von Stoffen in kosmetischen Formulierungen, wodurch sich diese besser miteinander *vermischen*, was insbesondere für *be-wirkende* Stoffzugaben wichtig ist. Diese sind meist nur in geringen Mengen enthalten, die sich beim Einmischen jedoch auf das gesamte Volumen gleichmäßig verteilen müssen und dort auch bleiben sollten.
Ausfäll- und *Sedimentations*-Prozesse würden zu einer gestörten Verteilung führen, die es dem willkürlichen Zufall überlässt, wie viel Wirksubstanz man für die Pflege abgreift.

Technisch-Funktionale Stoffe haben also durchaus ihren Sinn, wie man sieht, jedoch darf der Sinn der kosmetischen Pflege dadurch nicht *ad absurdum* geführt werden! -
Alle verwendeten Stoffe müssen zu aller erst dem Wohle und der Schönheit des Menschen dienen und nicht der Mensch mit seiner Gesundheit der Schönheit und Funktionalität der Kosmetik! -

Am Ende aller Zutaten kommt nun noch die „*Kokos-Fraktion*" die sich aus einer Gruppe hoch hautsensibler Stoffe zusammensetzt, wie nachfolgend aufgeführt:

Coco-Glucoside - sie stehen bei der **Only One**® Wäsche an jeweils zweiter Stelle und so kommen sie mit Wasser, als ein Hauptbestandteil der Formulierung vor.
Es handelt sich bei ihnen um rein pflanzliche Bio-Tenside, die unter *allen Tensiden,* die beste Hautverträglichkeit aufweisen. Zudem sind sie vollständig biologisch Abbaubar und damit ökologisch völlig unbedenklich! -
Coco-Glucoside sind milde und schleimhautverträgliche *Basis- und Co-Tenside.* Sie eignen sich optimal für *Shampoos* und *Duschgels,* die sich meist aus mehreren Tensiden zusammensetzen. *Coco-Glucoside* gleichen Irritationspotentiale anderer zugesetzter Tenside aus und verbessern die *Trockenkämmbarkeit* nach dem Waschen sowie die Sprungkraft der Haare. -

Ein Effekt, den man von einer *Qualitäts*-Haarwäsche erwarten darf! - *Alkylpolyglucoside,* wie man *Coco-Glucoside* auch noch nennt, weisen eine hohe *Substantivität* auf, was bedeutet, dass die Tensid Moleküle eine hohe Affinität haben, sich an das *Keratin* von Haut- und Haaroberflächen zu binden.
Im Ergebnis werden die Haare dadurch geschmeidig und lassen sich leicht und locker durchkämmen.

Alkylpolyglucoside werden wegen ihrer milden, aber nichts desto weniger effizienten Wirkung daher auch zur Reinigung bei *dermalen* Erkrankungen verwendet. -
Sie fragen sich jetzt, warum die *Coco-Glucoside* denn nicht generell verwendet werden? - Viiiiiiiiel zu teuer! -
Man überzeugt die Menschen einfach, dass denaturierte und künstlich erzeugte Tenside mit meist *(schwach)* toxischen Eigenschaften den natürlichen vorzuziehen wären. Um dies zu untermauern, geht man über die Sinnlichkeit, die man mit Düften, Gefühlen und Fühlen oder mit visuellen Effekten, anspricht. **Qualität** findet sich darin, die natürlichen Regulations-Mechanismen verstehen und nutzen zu lernen, um dadurch besser zu werden. **Qualitäts-Vernichtung** entsteht, wenn man sich erdreistet, mit dem was man zu wissen glaubt, über die Intelligenz der Natur stellt.

Nachfolgendes *Tensid* liegt als *Di-* bzw. *Mono*-Verbindung vor, wobei sie pH-Wert abhängig auftreten. Je niedriger der pH-Wert eines *Substrates* ist, desto höher ist der Anteil an Mono-Natriumsalzen. *(Di-)sodium Cocoyl Glutamate* ist ein anionisches Tensid. Die Basis bilden die *Mono-* und *Di-Natriumsalze* der Aminosäure *Glutamin*. Dabei entstehen aus bakterieller Fermentation *(Glucose)* als Zwischenprodukt die Natrium-Salze die am Ende mit Kokosölfettsäuren *verestert* werden.
Das *Mono*-Natriumsalz hat einen pH-Wert von 5 – 6,5, ist also sauer, wohingegen das *Di*-Natriumsalz einen pH-Wert von 8 – 9 aufweist und damit basisch ist. - Man verwendet es zum Beispiel, wenn man basische Stoffe, die für die *Körper-* und *Haar-Wäsche* wegen der fettlöslichen Eigenschaften nötig sind, in der Pflegemischung hat. Durch die Fähigkeit, dass das *Tensid* den Haut-pH um 5,5 puffern kann, wird das Haut-Milieu weitestgehend nicht von den basischen Substanzen gestört! - Und das ist für die stark angeschlagene dermale Flora von größter Wichtigkeit! -

Zudem ist das Tensid für die Schaumbildung verantwortlich, denn eine Wäsche ohne Schaumbildung, fühlt sich für die meisten nicht „*rein genug*" an. Doch was soll's, - diesen Luxus kann man sich ohne schlechtes Gewissen leisten, da dieses *Tensid* die Wasser- und Stoffkreisläufe nicht belastet. Würden die *Tenside* im natürlichen Wasserkreislauf zur Bildung von Schaum führen, dann müsste das Wasser einen pH von 5,5 haben und wäre höchst wahrscheinlich toxisch! - Der Haut hingegen schenken sie ein stabiles, hautkonformes Milieu, womit sie zur Stabilität der *Barriereschicht* der Haut beitragen, was u.a. unerwünschten Reaktionen vorbeugt.
Die pflegenden Wirkaspekte dieser *Tenside* weisen dieselben Merkmale auf, wie die zuvor beschriebenen. Die besondere Milde der *Derivate* aus der Kokos-Fettgrundlage, basiert auf den vorzüglichen und hautkonformen Stoff-Kombinationen, insbesondere der Fettsäure-Matrix, was für den folgenden Stoff der Zutatenliste ebenfalls gilt.
Auf das **Natrium Coco Sulfate** gehe ich jetzt gar nicht mehr näher ein, da ich mich aus dem Vorhergehenden wiederholen würde. Das *Tensid* liegt hier lediglich als ein *Sulfat (Ester d. Schwefelsäure)* vor, mit *seifig-schaumbildenden* Eigenschaften, wobei es als Tensid natürlich auch oberflächenaktiv ist, was die Ablösung von Krusten auf der Haut bewirkt. Und natürlich gilt wie für alle Stoffe: Keine Belastung für die Umwelt! -

Nur noch ein Stoff fehlt jetzt noch, damit sämtliche Stoffe aufgeklärt sind und das ist **Sucrose Cocoate**, ein *hydrophiles (wasseranziehend) Lipid*, das aus *Saccharose* und *Kokos-Fettsäuren* hergestellt wird. Bei diesem speziellen Lipid handelt es sich um eine *co-emulgierende* Pflege-Komponente mit einem stark rückfettenden Charakter. Im Produkt wirkt es *viskositätserhöhend* und *schaumstabilisierend* was Konsistenz und Cremigkeit in der Anwendung verbessert. - Das hat zur Folge, dass mit WENIGER, MEHR Waschleistung erzielt wird und man daher sparsam dosieren kann. Da es ebenfalls die Wirkung aggressiver *Tenside* abfängt, ist es in höchstem Maße verträglich und es stört die Haut nicht in ihrer natürlichen Funktion! - Daher wird es in der hochsensitiven *Baby-Wäsche* verwendet.

Damit sind wir nun am Ende der Zutatenliste angekommen und ich hoffe, dass die Ausführungen einen tieferen Einblick in die Welt der Kosmetik und der Haut gebracht haben, oder gar das Interesse angeregt haben, sich in diesem Thema weiter zu vertiefen. Wissen ist Macht, und es macht Spaß für seinen *Selbst-Zweck* zu lernen und Wissen ist der Schlüssel zu Neuem, wie man an den Formulierungen der **Only One**® *Pflegeserie* ersehen kann, denn die Zutaten waren immer schon da. Erst wenn man ihr Wirken im biologischen System *Mensch* erkennt, kann man sie so formulieren, dass sie in die fundamentalen biologischen Abläufe *mit-, bzw. be-wirken* können. - Ich glaube auch, dass ich deutlich machen konnte, dass es keinerlei Gift bedarf, um Kosmetik herzustellen, die dem Menschen dient! - Man hat die Wahl **Gift** oder **Segen** zu verwenden und man verwendet weiterhin Gift, weil es billiger und vom Gesetzgeber erlaubt ist? - Welch geistesarme Logik steckt da wohl dahinter, denn noch nie lag es in der Natur des Menschen, sich vorsätzlich zu schädigen! - Dazu ein Witz:

Doktor zum Patienten: „Ich habe eine gute und eine schlechte Nachricht. Die schlechte Nachricht ist, dass Sie AIDS haben. „
Patient: „Und was ist dann die gute Nachricht. „
Doktor: Sie haben auch Alzheimer.
Patient: Was soll daran gut sein.
Doktor: „Bis Sie zuhause ankommen, haben Sie das mit dem AIDS bereits wieder vergessen."

Dagegen kann man nichts tun, - jedoch kann jeder für sich entscheiden, ob er mit seiner *(Geld-)*Energie, Gift oder Segen fördert! - Man kann sich am Mindesthaltbarkeitsdatum *(MHD)* orientieren ob etwas giftfrei ist oder nicht. *Qualität* liegt die Lebendigkeit der Stoffe zugrunde und die ist nun einmal nicht unbegrenzt. Wenn also etwas ohne Konservierungsstoffe länger als ein halbes Jahr haltbar ist, dann ist die Wahrscheinlichkeit sehr groß, dass man etwas beigibt, das es haltbar macht. Natürlich gibt es Ausnahmen, doch es geht ja nicht nur um das Konservieren, sondern vor allem um die Lebendigkeit und da jedes Leben durch natürliche Oxidation ein Ablaufdatum hat, sollte man sich dem fügen. Mit der *Bewegung* stirbt die *Qualität*! - Nur die *Qualität* eines toten Ausdrucks bleibt am Ende übrig. So schön Mumien auch sein mögen, - lebendig werden sie dadurch nicht.

Bei all den großen Aufgaben die es zu meistern gilt um *Mutter Erde* wieder *Qualität* zu geben, um auch wieder *Qualität* aus ihr entnehmen zu können, scheint es wie ein *Tropfen auf dem heißen Stein*, gerade bei der Kosmetik anzufangen. Alle die schönen und interessanten Erfahrungen die ich in der Zeit mit **Only One**® machen durfte, waren nicht nur motivierend, sondern schärften auch meine Sinne für *Qualität*! - Die Tiefe des Themas, das sich hinter dem Wort *Qualität* verbirgt, ist ein Pfad zur monokausalen Wirkebene des Lebens und so kommt man in der Konfrontation damit auch sich selbst immer näher. Nur dort kann man neue Ursachen setzen, aus denen ebenfalls neue Wirkverläufe entstehen; - es wird keiner kommen, der einfach alles anders macht und die, welche schon da sind, werden nur schwerlich für Veränderung zu begeistern sein.

Nur die Dümmsten und die Weisesten können sich nicht ändern.
- Konfuzius

ONLY ONE® - DER UNTERSCHIED

Ich komme jetzt zu einem Thema, das bei vielen Menschen anliegt. *Qualitätsstoffe* sind sehr selten heutzutage und so gibt es folgerichtig auch nur sehr wenig Erfahrung im Umgang damit. Fast alle Verpackungen die es z.b. für Kosmetik gibt, sind auf den bisherigen Standard abgestellt, - das heißt, die funktionieren nur, wenn die Rohstoffe in ihrer Ausgangskonformität bleiben! - Möglich wird das, wenn man auf *Qualität* zu Gunsten der Produkteigenschaften verzichtet. -

Der Teufel liegt im Detail wie es so schön heißt und daher hat man im Umgang mit *Qualitätsstoff*-Kosmetik etwas mehr zu beachten. - Grundlegend gab es für die **Only One®** Pflegeserie nur eine Alternative, nämlich *Airless Dispender*, da nur sie verhindern können, dass die Naturbestandteile durch Oxidation zu schnell verfallen. *(Violett-)* Glas oder Tuben konnten nicht verwendet werden, da die Grundstoffe zu extrem den Umgebungsparameter unterlagen! - Einzig und allein die *Airless Dispender* hielten die Kosmetikgrundstoffe stabil.
Lebendige *Qualitäts*-Kosmetik arbeitet, verändert geringfügig Farbe und Konsistenz und genau darin liegt das Problem! - Nicht, dass die *Qualität* dadurch beeinträchtigt wäre, jedoch aber das Handling, z.B. mit den Umverpackungen.

Vor allem bei der *Care-/Repair* Creme treten immer wieder Probleme auf, da es trotz Pumpen, zu Beginn oft etwas länger dauert bis etwas kommt. - Da hilft nur schütteln, klopfen und so lange pumpen, bis die Creme kommt. – Manch einer sieht da eine *Qualitätsminderung*, doch das Gegenteil ist der Fall. Ohne Stabilisierung und *Gleichschaltung*, was die *Bewegung* in der Creme nahezu zum Stillstand bringt, bewegt sich eine lebendige Creme, bedingt beispielsweise durch Temperatur-Unterschiede, die vom Herstellungs- zum Konfektionsprozess oder ganz allgemein in der Aufbewahrungsumgebung auftreten. Eine Erschwernis in der Produktion, denn da man giftfrei arbeitet, darf nicht allzu viel Zeit zwischen Herstellen und Abfüllen vergehen. Die temperaturbedingte Bewegung dauert noch lange an, auch wenn die Creme bereits im Dispender ist. Nur ganz allmählich nimmt die *Bewegung* ab, bis sie in einen *Dämmerschlaf* übergeht, aus dem erwacht, die Creme jedoch sofort wieder aktiv wird. - Je älter sie nun wird, desto weniger schnell wird sie wieder *wach* und *aktiv* und irgendwann wacht sie gar nicht mehr auf, - doch bis dahin sollte sie verbraucht sein. -

Da man diesen *Qualitätsaspekt* in der konsequenten Form bei der Herstellung von Umverpackungen noch nie berücksichtigen musste, gibt es hier noch Handlungsbedarf. Doch sollte uns diese kleine Unstimmigkeit nicht vom *Qualitätsgedanken* fortführen! - *Qualität* findet sich nicht kausal in der Funktionalität der Konsistenz, sondern in der Konsistenz selbst!-
Ein schönes Beispiel dafür, wie sich der *Selbst-Zweck* zum Ausdruck, aber auch in Wirkung bringt.

Qualitätsstoffe überzeugen durch ihre *Be-wirkung* und so ist das auch vor allem bei der *Care-/Repair-Creme*. Sie wirkt konsequent und führt zu verblüffenden Ergebnissen.

Seit vielen Jahren habe ich im oberen Nasenbereich nahe der Augen ein *Basaliom*, - ein sog. *weißer Hautkrebs,* der meist gutartig ist und nur sehr selten *Metastasen* bildet, - dennoch ein Störfleck, den ich schon mit den verschiedensten Mitteln bearbeitet habe, ohne jedoch zur Ausheilung, - also totalen Rückbildung des Tumors, - gekommen zu sein. Nach etwa 3 Wochen Dauerbehandlung mit *Care-/Repair* kamen die tief sitzenden Wurzeln des Basaliom's an die Oberfläche; - der Tumor wird flach und bildet nun ein Grenzgewebe aus, welches das entartete Gewebe vom gesunden Gewebe langsam abscheidet. Auch bei Freunden mit bösartigem Hautkrebs *(Melanoma)* oder großflächigen Gewebedeformationen in aktiven Regionen *(Achsel, Leiste)*, die dauerhaft getriggert werden, kam es zu signifikanten Veränderungen, hervorgerufen durch die Selbstheilung des Systems *Haut*. Bei meiner Ex-Frau verschwand eine am Handgelenk etablierte weiße Hautwucherung, bei meiner Tochter akute allergische Reaktionen und ich fühle mich verjüngt, wenn ich sie nach dem Rasieren verwende. Ich bin mir sicher, dass ich mit meinen Erfahrungen nur an der Oberfläche kratze und so liegt es bei einem jeden selbst, seine eigenen Erfahrungen zu machen, die jedoch in allen Fällen auf der monokausalen Wirkebene fußen. Daher kommt auch der Name, **Only One**®, - als Ausdruck der funktionalen *be-wirkung*.

Ein anderer Aspekt, der augenscheinlich wird, ist die Veränderung des Pflege-/Waschverhaltens, samt dem Gefühl rein und sauber zu sein. Bisher sind wir es von Kindesbeinen gewohnt, dass beim Waschen alle Mikroben unspezifisch vernichtet werden. Das Milieu gleicht nach dem Waschen einer kargen Landschaft nach einem Massensterben.

Die aggressiven Tenside reißen den ganzen Schmutz von der Oberfläche und weitere Konservierungsstoffe, Stabilisatoren und sonstige Zusatzstoffe verhindern temporär jegliches Mikroben Wachstum. Nach der Körper- und Haar-Wäsche fühlt man sich „*steril*" sauber. Sinnlich verzücken die aromatisier-ten MOAH *Fraktionen,* welche die Hautporen verstopfen, wie Aluminium- und Silikon-Derivate dies noch zusätzlich machen. In der Haut entsteht Wärmestau, die Haut dunst auf und man fühlt sich rundum sauber und gepflegt. - Obwohl die Oberfläche der Haut einer monotonen Wüste gleicht, auf der sich inzwischen so gut wie keine mikrobielle Neubesiedlung mehr etablieren kann, fühlt man sich sauber und *man hat sich daran gewöhnt!* – Das ist so ähnlich wie bei der Milch, die für den Menschen eigentlich schädlich ist. Doch hat man den Menschen so lange damit gefüttert, bis alle die „Normal" waren und die Milch nicht vertragen haben gestorben sind. Übrig blieben die, bei denen der Organismus einen Weg zur Koexistenz gefunden hat, um zu überleben. Am Ende gab es nur noch *Überlebende,* für die die Milch zwar nicht mehr tödlich war, - gesund wurde sie deshalb aber immer noch nicht. Doch immer noch ist sie Ursache einer sub-optimalen Wirkung, die pathogen im Körper wirkt, in der Werbung aber als gesund und nährwertrelevant verkauft wird!

Ähnlich wie bei der Milch geht es uns heute auch mit der Kosmetik und unserem Waschverhalten, bzw. Sauberkeitsempfinden, das nur subjektiver und nicht mehr objektiver Natur ist. – Die Milch zeigt wie das alles funktioniert, denn da sie nun niemanden mehr umbringt, ist sie auf einmal gesund und weil es immer und immer wieder wiederholt wird, glaubt man nun an eine Lüge und bezweifelt die Wahrheit.

Nachdem sie nun auch noch als gesund gilt, ist sie in vielen Nahrungsmitteln enthalten und die Menschen haben sich daran gewöhnt, sub-optimale Zustände als gesund zu werten, - das eigene Gefühl kann man längst nicht spüren und wenn, dann wird es meist falsch interpretiert.

So geht es uns auch mit der Kosmetik, nur, dass es hier um das Gefühl für Sauberkeit geht, das man von Kindesbeinen erlernt hat, mit Gift und steriler Reinheit zu erlangen! - Der Mensch als Ganzes ist ein multidimensionales Konglomerat an belebten Elementen, zu denen auch die mikrobielle Flora gehört.

Sie einfach *abzuschalten* erinnert an die pervertierten Zeiten des Rokokos, wo man Kosmetik dazu missbraucht hat, um damit aus der artgerechten Körperbehandlung auszusteigen! Heute, wiederholen wir die Fehler auf höchstem, technischen Niveau, anstatt daraus gelernt zu haben! -
Der Rückschritt zu Natur und zu artgerechter Lebens- und Pflegeweise wäre der eigentliche Fortschritt, der zu neuen Erfahrungen und damit auch zu neuen Denk- und Handlungsweisen führt.

Daher habe ich unverhoffter Maßen gerade bei der **Only One**® *Körper-* und *Haar-Wäsche* die süffisantesten Erfahrungen gemacht. - Richtige Wäsche bedeutet, die mikrobielle Oberfläche nur spezifisch zu regulieren, kleinere Hautverlet-zungen *(Mikroverletzungen)* zu *be-wirken*, z.B. mit dem *Betulin ex Birkenrinde* und die Basis zur Reinigung zu aktivieren, wobei die Hautporen geöffnet und ausgespült werden.
Natürlich geht das nicht ohne Verluste auch von Mikroorganismen ab, jedoch bleibt der Besiedlungsgrund fruchtbar, was wieder zu einer schnellen Populationsverdichtung beiträgt. - Von nützlichen *Aerobiern*, - den *schädlichen Anaerobiern* aus der *Transienten Flora* fehlt es nun an Nahrung, - die wurde mit der Wäsche entsorgt und auch die *vergrabenen* Nahrungsreserven in den tieferen Hautschichten sind weg. - Wo Parasiten keine Nahrungsgrundlage mehr haben, da können sie auch nicht verweilen! -

Nach der **Only One**® *Körper-* und *Haar-Wäsche* fühlt man sich daher zwar auch sauber, jedoch nicht *steril*, sondern lebendig rein, wobei es schwierig ist, das Gefühl in Worte zu packen.
Der Effekt ist, dass die Hautschichten wieder selbst in ihre Regulationsabläufe kommen und gerade zu Beginn, kann das mit *seltsamen* Körpergerüchen und Empfindungen einherge-

hen, die zwar normal, jedoch nicht mehr gewöhnt sind. Wenn die Hautkanäle wieder offen sind, dann fangen die Regulationsabläufe an, Gift von innen nach außen zu befördern. An der Oberfläche werden die Gifte mikrobiell umgesetzt und dabei entstehen Gase, die man riechen kann. Das sind wir nicht mehr gewöhnt, denn man hat ja nie eine *echte Reinigung* erfahren, und ist daher nur die wohlriechenden, meist chemischen Duft- und Aromastoffe gewöhnt, - vom Eigengeruch hat man sich entwöhnt und muss sich erst wieder daran gewöhnen, dass man überhaupt so etwas wie einen Eigengeruch hat! – Unter anderem dient jeder Akt der Körperreinigung im Grunde der Wiederherstellung der körpereigenen Geruchsnote. Das erschafft einen ganz neuen Bezug zum Körper und damit zu sich selbst und es entsteht so ganz nebenbei eine neue Körperwahrnehmung. - Beginnt die Haut nun wieder zu leben und sich selbst zu regulieren, dann verändert das so einiges, was sich auf den gesamten Organismus auswirkt! - Nicht nur der Mensch nimmt die Veränderung wahr, - auch der Organismus, der bisher immer *Umwege*, z.B. mit seinem Müll nehmen musste, weil die Hauptpassage wegen *Dauerrenovierung* weitestgehend verschlossen war! - Jetzt ist sie offen und die *Müllmänner* freuen sich, endlich ihren Müll nach Vorschrift entsorgen zu können! Vor allem zu Beginn kommt es daher zu Übergängen, da der Organismus nun endlich alles rausschieben kann, was sich da im Laufe der Zeit angesammelt hat und damit die Mikroben in neue Herausforderungen bringt, welche den ganzen Müll mikrobiell verarbeiten müssen, was zu sensiblen Übergangsphasen führen kann. Das kann dazu führen, dass man sich öfters waschen muss, denn wo gehobelt wird, da fallen auch Späne.

Auch in und auf der Kopfhaut kann es zu anfänglichen Veränderungen kommen, da in nahezu allen Shampoos Silikon enthalten ist, was sich mit der Zeit in den Kopfhautschichten eingelagert hat. - Also nicht wundern, wenn man mal eine komische Kruste auf der Kopfhaut bemerkt oder wenn es juckt, - das sind nur Altlasten die dringend entsorgt werden müssen. Man darf nicht erwarten, dass die Folgen aus jahrzehnte langer Dauervergiftung von heute auf morgen gehen, insbesondere, da man den Giftschwaden ja nicht mehr auskommt, auch wenn man beginnt, sie z.b. bei der Kosmetik schon einmal vorsätzlich zu meiden. Das ist ein Anfang und der Beginn eines langen Weges, - hin zu einer artgerechten Pflege und Lebensführung. - Im Bereich der Haare kann es daher durch die *Be-wirkung* der Selbstregulation von Haut und Haar, dazu kommen, dass man die Kopf- und Körper-Wäsche in kürzen Zyklen vollziehen muss.

Auch das Thema Geruch wird, wie schon erwähnt, berührt, denn die anfänglichen mikrobiellen *Geruchsbildner* müssen sich durch dauerhaft giftfreie Pflege wieder zu einer bewirkenden Population aufbauen, was aber nur möglich ist, wenn man wirklich konsequent auf den Gifteinsatz verzichtet. Während dieser Phase kann es zu interessanten Effekten kommen, die hin, zum individuellen *Eigengeruch* führen. Es heißt:

Der Geruch ist der Pfad zur Seele!

Mit dem Eigengeruch, der keineswegs stinken muss, - er riecht einfach und teilt uns dadurch etwas mit, - gehen viele veränderte Wahrnehmungs-Effekte einher, sofern man sie bewusst sucht. Im Geruch sind Informationspakete eingebunden, die mit uns alleine oder im Wirken mit anderen maßgeblich sein können. *Sich riechen* zu können bedeutet, mit den Ergebnissen seines Körpers zu *kommunizieren*, - eine sehr starke Form des Körperbewusstseins, die, - wen verwundert

es, - ins Hinterstübchen verdrängt wurde. - So wie alles, was dem individuellen *Selbst-Zweck* dient, denn man will ja die Einheit, worin bereits ein Widerspruch zum Leben fußt, da es in der Natur keine Einheit im Sinne von Gleichschaltung geben kann! -
Hier zeigt sich am deutlichsten, wie wenig *Qualitätserfahrungen* wir bislang machen durften und dass ein Produkt nicht einfach ein *Produkt* ist, sondern ein *Mittel zum Zweck*, das artgerechte Erfahrungen ermöglichen und fördern sollte, - auf allen Ebenen! -

Die bislang lustigsten Erfahrungen habe ich mit dem *Chili-Balm* gemacht. Auch der macht bewusst, wie unbewusst man seine Hände und Finger rumzappeln lässt, wenn man sich in die Augen langt und es dann zu brennen beginnt. -
- Auch die *Stehpinkler* lassen sich eindeutig feststellen, wenn sie etwas *Chili-Balm* an den Fingern hatten, - also bitte vorsicht! - Mir passierte es einmal, dass ich das Chili-Balm vorführte, - also es bei einem schmerzgeplagten Menschen auftrug. Da es keine Gelegenheit gab die Hände zu waschen, ließ ich meine rechte Hand im Standby-Modus und nach einer Stunde reichten wir uns die Hände zum Abschied, was dann etwas später einen bitterlichen Tränenfluss zur Folge hatte. - Spült die Tränenkanäle durch. - Aber der vielseite Nutzen des *Chili-Balms* ist umwerfend.
Im August 2016 habe ich mir bei einem Kart Aufprall an die Bande zwei Rippen auf der rechten Seite angebrochen und konnte vor Schmerz kaum atmen. Ein Fall für *Chili-Balm*, den ich bis dahin noch gar nicht ausprobiert hatte. Not treibt an und so habe ich am Abend angefangen die betroffenen Bereiche, unter großen Schmerzen einzureiben. -
Am nächsten Tag stand eine Wanderung mit den Kindern auf dem Plan und nachdem ich es nach 10 Minuten geschafft hatte aus dem Bett heraus ins aufrechte Stehen zu kommen,

gab es erst einmal eine fette Portion *Chili-Balm*. Das hat gebrannt und war heiß wie Feuer, aber ich konnte mich paradoxerweise im *erheblichen Umfang* schmerzfrei bewegen. - Ins Auto einsteigen und ab zum Wandern, - 5 Stunden mit dem Rucksack am Rücken und einem Vulkanausbruch am rechten Rippenbogen und in der Hitze des Tages dachte ich zeitweise ich würde unter Feuer stehen. - Ich habe Zuviel geschmiert und der Schweiß transportierte den *Chili-Balm* überall dort hin, wo ich ihn gar nicht brauchte.
Interessant auch zu erfahren, wie sich der Fluss der Transpiration verteilt. - War deutlich wahrnehmbar, jedoch möchte ich weitere Details dazu aus Diskretionsgründen für mich behalten!

Kurzum, der Tag verlief überraschend gut und nachdem das nicht meine erste Rippenverletzung war, wusste ich, dass der Schmerz noch über Monate anhalten würde. - Dennoch schmierte ich Tag für Tag weiter *(aber nicht mehr so viel!)* und als etwa 1 Woche vergangen war konnte ich fast nichts mehr vom Schmerz wahrnehmen und auch das Brennen des *Chili-Balm* ließ nach. Nach 10 Tagen machte ich wieder Klimmzüge, Liegestütz und Bankdrücken. Ich erfuhr von Hans Rausch, dass mein Fall kein Einzelfall sei und dies auch nichts mit willkürlichem Zufall zu tun hätte! -

Insbesondere die Knochen werden *avaskular* versorgt, also nicht über den Blutkreislauf, sondern über das *Synovium*, der Gelenkschmiere. Da man den Knochen nur auf diesem Weg ansprechen kann, dauert es sehr lange, bis Wirkstoffe dort ankommen. Das *Chili-Balm* ist, wie ja schon beschrieben, ein *Carrier* für die *Reparaturstoffe*, der den Job des trägen *Synoviums* deutlich schneller verrichtet.
Die Reparaturstoffe sind körperkonform und kommen in so großen Mengen an den Ort der *Be-Wirkung*, so dass sie die

Arbeit von normalerweise 3 - 4 Monaten, in nur wenigen Tagen erledigen. Für mich war diese Erfahrung schon etwas Bemerkenswertes, da ich ähnliche Effekte bisher nur mit Geist- und Energie-heilung erlebt habe. Ein solches Ergebnis auf der stofflichen Ebene zu *be-wirken,* hätte ich bis dahin nur einer Stammzell-Technologie zugetraut. Es zeigte mir wieder einmal, wie viel Wissen es gibt, von dem ich nichts weiß und wie wenig ich im Glauben zu wissen weiß.

Nun, - man lernt dazu und so nutze ich den *Chili-Balm* immer umfangreicher, denn mit meinem *Feuer* für *Qualitätsstoffe,* ging es raus für mich aus der Komfort-Zone und hinein ins selbsterschaffene Laufrad mit all den Nebenwirkungen, wie Schlafmangel, Verspannungen und/oder Kopfschmerzen.

Alles ist gerade am Entstehen und es gibt daher noch nicht so viele Erfahrungen, die aber auch gar nicht nötig sind, weil in der **Only One®** Pflegeserie das Potenzial enthalten ist, die jedem eine eigene Erfahrung schenkt. *Qualität* macht berechenbar und auch wenn ich nicht zu sagen vermag, wie sich die einzelnen Komponenten konkret auswirken, so kann ich doch zu allen eines sagen:
Sie werden immer das beste Ergebnis be-wirken!

Geheimnisvoll am lichten Tag,

läßt sich Natur des Schleiers nicht berauben,

und was sie deinem Geist nicht offenbaren mag,

das zwingst du ihr nicht ab

                mit Hebeln und mit Schrauben.
                   - Johann Wolfgang von Goethe-

ONLY ONE® - SO GEHT ES WEITER ....

Mit **Only One®** kommt nicht nur eine giftfreie *Qualitätsstoff-Kosmetik* die mit dem **Senso Check®** zertifiziert ist und dazu beiträgt, den täglichen Gifteintrag in Mensch und Natur zu reduzieren. *Qualität* erzeugt immer eine hohe Ordnung und Struktur, woraus **Kohärenz** entsteht, - ein Zustand, welcher die Ordnung erhält und sie festigt. Man könnte *Kohärenz* als höchsten Ordnungszustand großer Metafelder des Ganzen ansehen, welcher den einzelnen Teilen des Ganzen erlauben, sich nach dieser Ordnung auszurichten, - sich darin einzupassen um darin mitzuschwingen. Es expandiert aus sich selbst heraus und erzeugt dabei eine Grenzfläche zur alten Ordnung. - *Kohärenz* ist ein Zustand, der immer dann entsteht, wenn auf *allen Ebenen des Seins*, - vom Atom angefangen über einfache Moleküle bis hin zu komplexen Molekülgebilden, die am Ende des Verlaufes das sichtbare Meta-Wesen Mensch darstellen, Einklang herrscht. Nur beste *Qualitätsstoffe*, die naturkonform zusammengestellt sind, können dafür als stoffliche Basis dienen, wie es bei der **Only One®** Kosmetik der Fall ist.

Da alles in andauernder Bewegung ist, bedeutet das für *Qualität*, dass sie keine lineare Größe ist, sondern eher ein temporärer Zustand. So ist jede Form von *Qualität* nur ein Zustand, aus dem heraus man neue *Qualität* erschaffen kann. Da die **Only One®** Produkte in ihrer stofflichen Zusammensetzung kaum verbessert werden können, wurde nun *Qualität* auch auf einer feinstofflicheren Ebene erschaffen.

Alle Dinge sind Ein Ding. Es gibt nur ein Ding, und alle Dinge sind Teil des Einen Dings Das Ist.
- Neale Donald Walsch -

Gleich nach der Produktion, die bei den **Only One**® *Care Components* in Kleinstauflagen erfolgt und damit übersichtlich ist, kommt alles in einen *Bio-Photonen Booster*, wodurch eine hohe Ordnung auf Ebene der *atomaren Molekülbewegung* erzeugt wird, die sich auf die Stabilität der stofflichen Komponenten ebenso auswirkt, wie auf die bioelektrische Ebene, die nicht unwesentlich Einfluss am Körpergeschehen hat.
Fettsäuren haben aufgrund der Doppelbindungen an ihren C-Atomen eine *Antennen-Funktion* und damit eine noch weitestgehend unerforschte Wirkung, z.B. bei Entzündungen, die eben durch Fettsäuren, dem Prostaglandin, den *Arachidonsäure*-Stoffwechsel *be-wirken*. Fettsäuren sind auch der Grundbaustein für das System *Haut* und da wir ein Meta-Konstrukt aus Billionen von Zellen sind, deren Membrane auch aus Fettsäuren bestehen, spricht man über eine *kohärente Fettsäure-Matrix* im Grunde den gesamten Organismus an.

Vielleicht ein kleiner Einblick in das Thema **Kohärenz**; - einfach gesagt bedeutet das, dass ein Zustand entsteht, der stabil ist und der nahezu frei von Energieverlust ist.
Man könnte sagen, dass die höchste Ordnung eines Systems dazu führt, dass es nur sehr schwer von äußeren Einflüssen aus seiner Ordnung zu bringen ist und dass *innerhalb* des Ordnungsfeldes optimale Voraussetzungen für alle Abläufe zur Aufrechterhaltung des Systems gegeben sind, so dass diese Ordnung sich erhalten kann. Gesundheit, sowie dadurch die Fähigkeit zu haben, an der Evolution teilzunehmen, ist ebenfalls eine Frage von *Kohärenz*! - In der *sub-optimalen* Lebenslage, in der wir uns alle befinden, sind wir nicht in der Evolution, weil wir, und damit meine ich unsere Atome und Zellen, im Überlebenskampf sind, was wir neigen als *Leben* zu bezeichnen. Das vergiftete und lebensfeindliche Umfeld das wir uns erschaffen haben, führt nun zur quantenphysikali-

schen *Dekohärenz*, die so hoch geordnete Kohärenzfelder gar nicht mehr zulässt. Vielmehr herrscht die Willkür unkontrollierter Reaktionen und da sich die Basis der Ordnung schön langsam auflöst *(z.B. mikrobielles Milieu)*, wird es für die Ordnung immer schwerer, einen stabilen Halt zu finden. Man spricht davon, dass *Dekohärenz* immer dann entsteht, wenn ein bisher *abgeschlossenes System*, mit seiner Umgebung zu wechselwirken beginnt. Dasselbe trifft auch auf die Gifte und Fremdsubstanzen zu, die wir jeden Tag in die Umwelt blasen, da es sich hierbei ausschließlich um Stoffe handelt, die weder in der Natur, noch in ihren Kreisläufen vorkommen. Jeder neue Stoff, der in die hoch komplexe Natur-Matrix eintragen wird, verändert diese unwiederbringlich! - In der Haut wiederholt sich übrigens das, was auch in anderen Grenzschichten abläuft, wie etwa in der Atmosphäre, - ebenfalls eine zarte Grenzschicht, in deren Biofilm wir leben; - und blicken wir nun nach Innen, auf unsere Zelle, so werden wir an deren übersäuerten, kargen Oberflächen das gleiche Grenzflächenproblem vorfinden, wie in unserer Haut, der Atmosphäre und auch der Boden, auf dem wir stehen, ist eine Grenzfläche mit demselben Problem, das sich nur durch die Verschiebung der Betrachtungsebenen anders darstellt, - das zugrundeliegende Natur-Gesetz *(Ursache)* ist aber auf allen Ebenen gleich gültig *(Skaleninvarianz)*. Überall wird man dieselbe Problematik finden und auch wenn der Wille zur Veränderung da wäre, so fehlt doch die Ordnung, um den Willen umsetzen zu können.
Merken sie was? - Jawohl, wir sind mitten drin in einem **Wirkverlauf** und versuchen darin genauso aussichtslos zu verändern, wie die Medizin versucht, darin zu heilen.

Ordnung ist somit ein nicht zu unterschätzender *Qualitätsfaktor*, den man bei *Qualitätsstoffprodukten* wiederfinden kann. Allein der Handel sowie die intensive Auseinandersetzung mit *Qualitätsstoffen,* führen an die Basis monokausaler Ursachen, um dort Ordnung zu *be-wirken.*

Für mich als *Energetiker* und *biophysikalischer Homöopath,* sind die **Only One**® *Care Components* ein optimaler Träger für informationsmedizinische Interventionen, da ihre Fettmatrix nicht nur *(strukturell)* hoch geordnet ist, - durch die Bio-Photonenbehandlung ist sie überdies hinaus auch noch extrem stabil. Ein weiterer Vorteil für *funktionale Informationsintervetionen* liegt darin, dass die **Only One**® Creme Komponenten insbesondere durch den hohen Anteil an unverseifbaren Substanzen, sehr lange in der Haut verweilen können, um Ordnung zu *be-wirken* und zu kommunizieren.

Besonders gut können die Informationen über die verschwenderische Fülle an Nervenzellen im Hautgewebe dann in das gesamte Innere gelangen. -

In der **Only One**® Kosmetik werden nur *Ordnungsfelder* errichtet, die frei sind von auf modulierten Informationen.

Es gibt heute so gigantisch viele Möglichkeiten der Informations Intervention, dass jeder die Möglichkeit haben sollte, seine eigenen Signaturen auf das Ordnungsfeld der **Only One**® Komponenten zu prägen. Ob heilige Geometrie, Bio-Geometrien, magische-, schamanische- oder kultische-Symbole, Heil Geometrien oder Signaturen aus Bioresonanz-Technologien, - egal was einem so einfällt, - man braucht nur noch eines: Einen hoch geordneten Träger, welcher die Information zuverlässig und effektiv verteilt und das am besten über viele Stunden hinweg. - Die Ordnungsstruktur eines Stoffes entscheidet darüber, wie geeignet der Stoff für bestimmte Informationen ist! -

Zurzeit forsche ich mit Geräten aus der russischen Forschung zur selektiven Wasserstrukturierung und ebenso mit einer biotechnologischen Errungenschaft, die dafür sorgen wird, dass man alles Gift aus den Dingen des Alltags meiden kann.

Mehr noch, man schadet der Umwelt nicht nur nicht, - man hilft ihr sogar noch mit dem Abwasser, sich wieder selbst zu reinigen! -

Schön langsam werden weitere neue *Qualitätsstoff*-Produkte entstehen und es stehen vordergründig Dinge auf der Tod-Do-Liste der Hersteller, die man als heutigen Standard verstehen muss, wie z.B. Deo, Hand-Seife, Haar-Wasser oder ein Haar-Spray. Ganz wichtig, jedoch auch erst im nächsten Step, - die *Oral-Pflege!* - Ein *Qualitätsstoff-Oral-Regulations-Set,* ent-wickelt von einem weltweit renommierten Mikrobiologen, um den mikrobiellen *Super Gau* im Mundbereich in den Griff zu bekommen. Dies, sowie die zelluläre Funktionalität, werden Themen des nächsten Buches aus dieser Reihe sein. - Nach der Haut folgt der Oral-Bereich als primäres Nahrungs-aufnahmeorgan samt Pflege und da sieht es leider auch nicht besser aus, als in der Kosmetik! -

Aber auch andere Dinge, die jeden Tag verwendet werden, wie Wasch-, Spül- oder Reinigungsmittel, sind in der *Pipeline* auf dem Weg zur *Qualitätsstoff*-Güte. -
Und nicht zu vergessen, die Nahrung! - Neben einer Unzahl unsinniger Nahrungsergänzungen, gibt es durchaus essentiell wichtige Stoffe, die der Körper dringend benötigt und natürlich, eines meiner Lieblingsthemen, - *Wasser.*
Die Quelle des Lebens sollte in bester *Qualität* vorliegen, denn wie gut kann die Lebens*qualität* schon sein, wenn die *Quelle* aus der sie hervorgeht, verunreinigt ist! -

All dies sind sehr komplexe Themen, zu denen es eine Unmenge an Informationen gibt. Aber leider dienen die meisten Informationen lediglich dem Verkauf von Produkten und nicht dem Menschen, - zumindest nicht in dem Maß, wie man es ihm glauben machen möchte.

Ich kenne den Markt, seine treibenden Mechanismen und seine Ergebnisse, die weit hinter dem stehen, was ich aus objektiver Zweckbetrachtung unter *Qualität* verstehe! -
Eine *Qualitäts-Bewegung* im Status Quo des existenten Umfeldes zu begründen ist schwer möglich, da die bestehenden Mechanismen *qualitätsfeindlich* sind, - als würde man versuchen, auf Sand zu bauen. -

So ist es erforderlich einen neuen Weg zu beschreiten, der abgekoppelt ist von allen Aspekten der *Qualitäts-Vernichtung*. Mein Beitrag, den ich aus vollem Herzen zu leisten vermag, ist es, in Form von Büchern, Artikeln sowie öffentlichen Auftritten zu motivieren und einfach zu tun, was bisher keiner tut.

Als *freier Mensch* sehe ich es als meine heilige Pflicht und Lebensaufgabe an, meine Potenziale zum Wohle des Lebens einzusetzen. Jedes Individuum ist von der Schöpfung berufen, zu denken, zu fühlen und zu tun, was nur das Individuum denken, fühlen und tun kann. Wenn es also das Individuum nicht tut, **wer soll es dann tun?** -

All das was ich im Laufe meiner 30-jährigen Berufserfahrung anzubieten habe, werde ich in meinen Büchern, allumfassend darbieten. In vielen Bereichen habe ich das Komplexe durchdrungen und bewege mich dort nun auf einer einfachen, jedoch kausalen Ebene, welche die Probleme an der Basis ihrer Entstehung anspricht und daher zu nachhaltigen Veränderungen führt. Dabei nutze ich das Beste, was ich nach langer Prüfung und Erfahrung, als das Beste erfahren habe, was nicht bedeutet, dass es auch das alleinige Beste ist.
Auch hier wieder ein großer Dank an Hans Rausch, der mit seinem enormen Wissen viele *Glaubensbereiche* beleuchtet

hat und mir mit seinem wissenschaftlichen Team dabei half, die Richtigkeit meiner gemachten Aussagen abzusegnen.
Ich möchte zwar niemanden angreifen, doch die Wahrheit zu schreiben, bedeutet bereits einen Angriff auf diejenigen, die sie kennen und verbergen oder nicht wahrhaben wollen! - Es entspricht nicht meinem Naturell, um den *heißen Brei herum zu reden* und auch nicht, schöne Worte für hässliche Dinge zu benutzen. Wenn ich allerdings so hoch brisante Themen anprangere, dann kann ich das nur guten Gewissens tun, wenn ich auch den Gegen-Pol, - eine Lösung benennen kann. Nur so kann das entstehen, was das Leben jeden Moment macht: Veränderung.

Leben ist ewiges Werden.
Wenn etwas IST, hört es auf zu Werden
wenn es aufhört zu Werden, ist es Tot!

Wahres Wissen entsteht, wenn man das lebt, was man weiß. Erst dadurch kann man das bestehende Wissen immer weiter optimieren und ergänzen, vorausgesetzt, man kann loslassen von dem, was man zu wissen glaubte.
Mit der **Only One**® Kosmetik kommt ein Paradebeispiel dafür, denn die Produkte sind vorerst der Höhepunkt des bestehenden Wissens zu den Anforderungen, die eine hautpflegende Kosmetik erfüllen muss, um der *Qualität* Rechnung zu tragen. Das heißt nicht, dass es nicht noch besser geht! - Dazu jedoch muss eine gelebte Auseinandersetzung stattfinden, die neue *Qualitäts*-Aspekte aufzeigt.

Mit dem Umgang von *Qualitätsstoff-Produkten* werden sich Veränderungen einstellen, die unmöglich theoretisch eruiert werden können! - Sie müssen erlebt und umgesetzt werden, damit die daraus resultierende Erfahrung, den Blick über den Tellerrand hinaus ermöglicht.

Qualitätsstreben ist ein dynamischer Prozess und alles was sich an weiteren *Qualitätsfaktoren* ergibt, um der *Qualität* zu dienen, wird sich auf dem Weg ganz von selbst zeigen. -
Der Weg ist das Ziel und auf dem muss nun der erste Schritt gemacht werden!
Nur echter *Qualitätsstoff* spricht freie Menschen an, da sie ihn zu schätzen wissen. Sie wollen Leben und aus sich erblühen, aber nicht Ursache von *Qualitätsstoff*-Vernichtung sein.

Der Erfolg kommt allein, wenn man es einfach anders macht! Damit man den Mut dazu erlangt, das Einfache auch in aller Konsequenz zu <u>machen</u>, macht es Sinn, den *äußeren Kampf,* zu einem *inneren Kampf* zu machen. Es ist leichter die anderen aufzufordern etwas richtig zu machen, als es selbst richtig zu machen! - Wer aber gelernt hat, es selbst richtig zu machen, der dient anderen als Vorbild. - Er ist der Beweis, dass etwas geht, das man sich selbst aber nicht zutraut und so fängt man wieder an, an sich selbst zu glauben. - Das ist die Wirkung von *Kohärenz*, als Ursache und man kann erkennen, dass am Anfang der *kohärenten Ordnung* der EINZELNE steht, der durch sich selbst diese hohe Ordnungsschwingung initiiert. - Je mehr es nun werden, die darauf mitschwingen, desto mehr bildet sich ein Feld-Charakter, der immer stärker zu vibrieren beginnt und damit immer mehr EINZELNE zum Mitschwingen veranlasst und nachdem jeder, der in eine höhere Ordnung geht, damit die niedere Ordnung zurücklässt, entsteht ein Effekt, den man *Negentropie* nennt, was gleichsam das invertierte Ordnungsmaß zur Unordnung ist, wodurch sich Gleichgewicht einstellt.

Neue, ehrliche *Qualitätsstoff*-Produkte werden folgen und ich bin schon gespannt auf die vielen unbekannten Geschichten und Hintergründe, die sich hinter diesen *Qualitäts*-Aspekten

zu erkennen geben werden. Um der *Qualität* zu folgen, muss man erst die innere *Qualität (Ordnung)* herstellen und das kann nur jeder für sich selbst. *Qualität* muss zu einem **Wert** werden und nur *Qulitätsstoff*-Produkte können dazu beitragen, ein Gefühl für diesen **Wert** zu bekommen, womit man den *Qualitäts*-Begriff abgrenzen und einschränken kann, was dann zu Entscheidungen führt, die *Mut* verlangen.
Mut ist das Ergebnis von *Qualität*. - *Mut* kann nur geboren werden, wenn man bereit ist, sich seinen Ängsten, Grenzen und Gewohnheiten zu stellen, denn *Mut* ist die Kraft, die dabei entsteht, wenn man an seinen Ängsten am Wirken ist. - Nur mit *Mut* und *Tollkühnheit* lassen sich die anstehenden Veränderungen *be-wirken*, die jedoch zuerst Innen *be-wirkt* werden müssen, damit man dort die Ursachen setzt, die im Außen Wirkung zeigen werden! -

Da ich oft gefragt werde, wie ich meine Philosophien denn selbst so lebe, nehme ich es gleich einmal vorweg. - Ich habe genau wie alle anderen Menschen auch meine sinnlichen Fesseln, weswegen ich bestimmt nicht mit dem Zeigefinger rumfuchteln werde. Jedoch mit Mitgefühl, weil ich selbst meine Kämpfe kenne an denen ich feststellen musste, wie viele Kriegsschauplätze es da in meinem Leben auf einmal gibt, wenn man die *Qualitäts*-Brille aufsetzt und die *Rosarote*-Brille abnimmt, - beide kann man nicht gleichzeitig tragen. Die Lösung liegt darin, einen für sich handelbaren Weg zu finden, sich immer mehr und mehr zu verändern. Wenn man stets das macht, an was man denkt und was möglich ist, dann ist alles getan, was zu tun ist.

Die Menschen beurteilen alle Dinge nach dem Erfolg.
Jeder sieht, was du scheinst,
und nur wenige fühlen, was du bist.
Niccolo Machiavelli

Schlusswort

Dieses Buch war eine echte Herausforderung für mich. - Ich habe es dreimal komplett umgestellt und neu geschrieben, da es so unendlich kompliziert ist, die Wahrheit widerzugeben. Im Grunde steigt man damit ALLEN auf die Füße, inklusive der eigenen, da auch ich mehr oder weniger unfreiwillig ein Teil der Ursache von *Qualitätszerstörung* bin und ehrlich gesagt, das fühlt sich gar nicht gut an. - Bestimmt wird es nicht nur mir so gehen, denn, wenn man ehrlich ist und den Lebensbereich mal so durchleuchtet, kann man schon ganz schön betroffen werden. Die Betroffenheit ist gut und notwendig, damit Veränderung daraus entstehen kann, wodurch sie ja dann nur ein temporärer Begleiter wäre, würde man nicht an ihr festhalten. - Wenn man erkennt und betroffen ist, aber nicht bereit sich zu verändern, dann macht man sich selbst zum Sklaven der Betroffenheit, die ohne Veränderung ewig währt! -

Das andere Problem ist, dass es für mich ein untragbarer Zustand ist, wie wir uns gewöhnt haben, qualitätsvernichtend zu leben und nichts dagegen zu tun. Aus welchen Gründen auch immer fällt es nicht mehr auf oder man will es einfach nicht wissen, weil man lieber einer Lüge folgt, die sich viel angenehmer anfühlt und vielmehr mit dem deckt, was man *selbst will*. Alleine kann man aber nicht viel erreichen und die meisten wissen schon alles *(tun aber nix)* und noch mehr glauben an nichts Anderes mehr, als an die *Karriereleiter* in ihrem Hamsterrad. Jeden Tag werden die Menschen mit einer Unzahl an Informations-Müll überschüttet und der größte Teil der Gedanken Energie folgt fremden Inhalten und so wird es immer schwieriger, die geistige Ordnung aufrecht zu erhalten, um zu entscheiden, was *wichtig*, - und was *unwichtig* ist.

Es muss aber eine andere Lösung geben, die so verpackt sein muss, dass sie einen Wiedererkennungswert hat und die dazu ermutigt, eine neue Erfahrung zu machen. Ich finde es dabei bedauerlich, dass man die meisten Menschen nur noch über den Konsum-Trigger ansprechen kann, denn eigentlich geht es um etwas viel Wichtigeres, - wichtiger sogar als wir selbst. - Es geht um unseren Planeten, - um unsere Lebensgrundlage! Eine Grundlage, auf die noch viele Generationen nach uns das Recht haben, artgerecht darauf leben zu können! -

Sicher ist der *EINZELNE* beschränkt in dem was er an Veränderung hervorbringen kann, doch viele *EINZELNE*, die sofort damit beginnen Gift ganz bewusst immer mehr und mehr zu reduzieren, werden *VIELE*, die das GLEICHE *Be-wirken*, nämlich *Qualität*, und es entsteht ohne dass der *EINZELNE* dies merken würde, ein kohärentes Ordnungsfeld. Auch wenn es klein ist, es ist dennoch existent und mit jedem weiteren *EINZELNEN*, der das Feld *be-wirkt*, wird es stärker! - Der *EINZELNE* muss es nur für sich tun, um *ALLES* zu *be-wirken*.

Ich glaube, dass der *Qualitätsstoff*-Markt eine langfristig erfolgreiche Basis ist und ich bin auf ein Umfeld gestoßen, das ungeahnte Möglichkeiten und Perspektiven eröffnet.
Qualitätsstoffe sind nichts für seelenlose Großunternehmen, jedoch eignen sie sich für Klein- und Kleinstunternehmen, die mit *Qualitätsstoff* ihren Lebensunterhalt verdienen wollen.
Die **Only One**® *Care Components* sind die ersten umgesetzten *Qualitätsstoff*-Produkte durch die *Plant4Med GmbH*, welche die *funktionale Wirkstoffforschung* von Hans Rausch umsetzt.
Auch die individuellen *Qualitätsstoff*-Testierungen durch den **Senso Check**® sind von größter Wichtigkeit, um sich von den Mechanismen zu lösen, die Gifte zulassen und so zu weitreichender *Qualitätsstoff*-Vernichtung beitragen.

Wir brauchen keine *legale Giftzulassung*, sondern eine *klare Qualitätsstoff-Aussage*! - Die **Only One**® Components erwirken ein Forschungsfeld, aus dem neue *Qualitätsstoffe* entstehen und vorgestellt werden. Gleichzeitig wird Menschen geholfen, in den *Qualitätsstoff*-Handel einzusteigen, entweder mit **Only One**® *Care Components* oder mit ihrem eigenen Produkt, da bereits kleinste individuelle Herstellungen zwischen 20 und 50 Einheiten möglich sind! - Wenn man in *Qualität* investiert, dann kann man nie verlieren, da der *Qualitätsstoff*-Aspekt auch noch nach dem Kauf und Verbrauch des Produktes erhalten bleibt. Immer fördert die Geld-Energie *Qualität*, die man direkt, aber auch indirekt nutzt, da ein *qualitativ* hochwertiges Lebensumfeld etwas ist, von dem man nachhal-tig profitiert! - Das *be-wirkt* eine andere Einstellung zum Geld, das nunmehr zu einem *Potenzial* wird, das man selbstbestimmt dorthin umverteilen kann, wo es *Qualität be-wirkt*.

Das führt automatisch dazu, dass der *Qualitätsvernichtung*, das Potenzial im gleichen Maße entzogen wird.

Gibt es eine Maßnahme, die friedvoller und effizienter wäre?

Qualität hat auch sehr viel mit dem artgerechten, *freien Menschsein* zu tun, weswegen man mit den **Only One**® *Care Components* einen Verein fördert, der darüber ein Tausch-Netzwerk, - das *Qualitätsstoff-Netzwerk*, eine *Qualitätsstoff*-Infrastruktur erschafft, die dezentraler Natur ist und es möglich macht, konsequent die *Qualitätszerstörung* zu meiden.

Hierzu erscheint ein weiteres Buch von mir mit dem Namen, *Das Qualitätsstoff-Netzwerk*, das bis Mitte 2017 fertig wird.

Die Qualitätsstoff-Situation vermittelt ganz deutlich, wie es um die *Qualität* des artgerechten *Menschseins* heute gestellt ist. Dies ist ein sehr umfangreiches Thema, zu dem ich bereits ein Buch mit dem Titel, *Ich bin Mensch*, geschrieben habe, denn das, was man im Umfeld als *qualitätswidrig* erkennen kann, ist die *Qualität*, die uns allen auch Innen abgeht. So ist das Thema *Qualität* mit großen, teils einschneidenden Veränderungen belegt, für die sich der EINZELNE entscheiden muss. - Alleine bei dem Thema *Qualitätsstoff*-Kosmetik kommen Veränderungsansprüche auf den EINZELNEN zu, zu denen nun er eine klare Entscheidung fällen kann. **Meiden** oder **Leiden**, - und was sich ganz logisch liest, wird für viele Menschen, die sich an das wohlriechende Gift gewöhnt haben, eine sehr große Herausforderung werden. Daher ist nicht das Gift das eigent-liche Problem, sondern die Intention des EINZELNEN, es zu verwenden oder zu meiden. - Würde es der EINZELNE nicht kaufen, gäbe es keine Gift-Problematik, die uns heute an dem Rande der Weiterexistenz bringt. In den bestehenden Lebensräumen ist eine konsequente *Qualitätsstoff*-Umsetzung, egal auf welcher Ebene, nicht möglich und so ist man gehalten, selbst, aus *freier Intention* aktiv zu werden.

Es sollen auch nicht die giftverabeitenden Unternehmen an den Pranger gestellt werden! - Vielmehr sollten diese einmal den Sinn ihres Tuns hinterfragen und selbst darauf kommen, dass es vielleicht besser wäre für Mensch und Natur, wenn man das Gift weglässt und man anstatt dessen der *Qualität* dient! - Was für einen Sinn hat eine Form des Schaffens, das nicht der *Qualität* dient? -
Alles im Universum versucht sich jederzeit zu verbessern, - mehr *Qualität* zu erschaffen; - aber der Mensch macht genau das Gegenteil! - Wie lange kann der Mensch gegen die alles beherrschenden Kräfte der Natur noch ankämpfen? - Wann hat es der Mensch geschafft, den Ast auf dem er sitzt, abgesägt zu haben? - Egal wer von der *Qualitätsvernichtung* auch angesprochen ist, - ALLE haben dieselbe Aufgabe: Sie müssen sich entscheiden, für das EINE oder das ANDERE.

Mit jeder Entscheidung, egal wie wichtig oder unwichtig man sie auch wähnt, setzt man eine Ursache und jede Ursache führt auch zu einer Wirkung, die durch *mit-wirken* entsteht.

Ich bin frei,
denn ich bin einer Wirklichkeit nicht ausgeliefert,
ich kann sie gestalten. - Paul Watzlawick

Das Thema *Qualität* greift tief in das Individuum, aus dem die Entscheidungen kommen, und so ist die Art des Menschseins ebenfalls ein *Qualitätsfaktor* auf einer monokausalen Ebene, da er die *Qualität* seiner Entscheidung prägt. Die Güte kann man daran erkennen, ob man sich als freies Individuum oder als abhängige und gleichgeschaltete Person entscheidet! -

Mit *Mutter Erde Bayern e.V.* ist ein seriöser und kompetenter Partner gefunden, der das individuelle Menschsein fördert und sich als Plattform, dieses auszuleben, anbietet.
Darin setzen wir uns mit umsetzbaren Lösungen auseinander und es ist der Kausalität zur Veränderung geschuldet, nämlich der inneren Befreiung des Individuums. Das Streben nach *Qualitätsstoff* hat sehr viel mit einem selbst zu tun, denn *Qualität* muss zuerst im Inneren erzeugt werden, damit sie sich im Außen zeigen und wahrgenommen werden kann. -

Da der vorhandene *qualitätsstofffeindliche* **Status Quo** das Ergebnis der vielen Einzelteiltteile des Ganzen ist, die daran *mit-mirken*, wird doch deutlich erkennbar, dass es auch nur an jedem EINZELNEN liegen kann, diesen zu verändern! -
Nachdem er aber nun einmal real besteht, ist er ein Zeichen dafür, dass man es bisher noch nicht geschafft hat, sich so verändern, dass sich damit auch der *Status Quo* verändert.
Im Gegenteil, wir haben gelernt im sub-optimalen Status Quo um unser Überleben zu kämpfen und wir haben gelernt, der

unliebsamen Wahrheit aus dem Weg zu gehen, womit wir uns selbst verraten! -

Gewissenszwang ist die schlimmste Form der Unterdrückung. - Rosa Luxemburg

Doch merkt man das schlechte Gewissen noch, wenn man etwas tut, was schadet? - Ohne schlechtes Gewissen ist es natürlich schwer, die Unterdrückung zu spüren, die damit einhergeht. Viele Schichten rationaler *Vernunft*, die einer einfältigen und *qualitätswidrigen* Glaubensdoktrin entsprungen sind, dämpfen das eigene Gefühl ab und machen es taub und blind. Dennoch wird dadurch eine Unterdrückung *be-wirkt*, die im Körpergeschehen *mit-wirkt* und spürbar wird, wenn sie als offenkundiges Symptom unüberhörbar schreit.
Im Grunde müsste man einfach nur „*Nein*" sagen, worin sich die ganze Problematik aufbaut, weil man JA anstatt NEIN sagt. Diese menschliche Wesensart entspringt einem sehr alten Mechanismus, der seit Urzeiten dazu führt, dass sich der Mensch auch unter einer Obrigkeit *frei fühlt*! - Eine subjektiv erzeugte Freiheit, die sich im gelebten *Qualitätsbewusstsein* wiederfindet, das nun schon hinreichend vorgestellt wurde! -

Die Unfähigkeit *Nein* zu sagen, wenn ein *Nein* angebracht ist, zeigt das Maß an *wahrhafter Freiheit*, an der man zu allererst arbeiten muss, wobei *Qualitätsstoffe* hierbei gut dienen können. Ihnen folgt eine erweiterte Wahrnehmung sowie viele Entscheidungen, die gerade zu Beginn des Öfteren ein konsequentes *Nein* erfordern, was zu inneren Prozessen und selbstbestimmten *Qualitätsentscheidungen* führt.

Die Fähigkeit, das Wort „Nein" auszusprechen, ist der erste Schritt zur Freiheit. - Nicolas Chamfort

Einladung für Mit-Menschen ...

Die Leute meines Stammes sind leicht zu erkennen:

Sie gehen aufrecht, haben Funken in den Augen
und ein Schmunzeln auf den Lippen.

Sie halten sich weder für heilig noch erleuchtet.
Sie sind durch ihre eigene Hölle gegangen,
haben ihre Schatten und Dämonen angeschaut,
angenommen und offenbart.

Sie sind keine Kinder mehr,
wissen wohl was ihnen angetan worden ist,
haben ihre Scham und ihre Rage explodieren lassen
und dann die Vergangenheit abgelegt,
die Nabelschnur abgeschnitten und
die Vergebung ausgesprochen.

Weil sie nichts mehr verbergen wollen,
sind sie klar und offen.
Weil sie nicht mehr verdrängen müssen,
sind sie voller Energie, Neugierde und Begeisterung.
Das Feuer brennt in ihrem Bauch!

Die Leute meines Stammes kennen den wilden Mann
und die wilde Frau in sich und haben keine Angst davor.

Sie halten nichts für gegeben und selbstverständlich,
prüfen nach, machen ihre eigenen Erfahrungen und
folgen ihrer eigenen Intuition.

Männer und Frauen meines Stammes begegnen sich
auf der gleichen Ebene,
achten und schätzen ihr „Anders"-Sein,
konfrontieren sich ohne Bosheit
und lieben ohne Rückhalt.

*Leute meines Stammes gehen oft nach innen,
um sich zu sammeln,
Kontakt mit den eigenen Wurzeln aufzunehmen,
sich wieder finden,
falls sie sich durch den Rausch das Lebens verloren haben.*

*Und dann kehren sie gerne zu ihrem Stamm zurück,
denn sie mögen teilen und mitteilen,
geben und nehmen, schenken und beschenkt werden.*

*Sie leben im Augenblick und lassen sich von ihm tragen,
jederzeit bereit, ihm durch ihren Selbst-Zweck zu dienen
und sie machen alles in dem Bewusstsein,
dass jede Handlung sich und anderen dient.
Sie leben zum Wohle des Ganzen im Wissen,
dass sie die Teile des Ganzen sind.*

*Sie entscheiden sich aus dem Herzen,
sie reden mit dem Herzen und
sie handeln aus dem Herzen
und leben in Seinszuständen aus dem Herzen.*

*Sie leben Freiheit, Wahrheit, Wärme, Geborgenheit,
achtsame Berührung, Wertschätzung und Intimität.*

*Getrennt fühlen sie sich nicht verloren wie kleine Kinder
Sie sind mit sich gerne allein aber niemals einsam.*

*Sie leiden aber an Isolation und sehnen sich nach ihren
Seelenbrüdern und -schwestern.*

Die Zeit unserer Begegnung ist gekommen.

SERVICE@AQUA-H-SHOP.COM

Weitere interessante
Informationen finden sie auf:
www.holisticart.eu

Only One® - Functional Care Components

Besuchen sie
unseren
Qaulitäts-Shop:

www.aqua-h-shop.com

NEUERSCHEINUNG

Seit März 2017 erhältlich, - nach dem Basis-Buch, das vordergründig die gesetzlichen Aspekte beleuchtet, folgt nun der 2. Teil, - *Psychosoziogonie*, als Band 1, der die Ursachen für das Denken, das den Menschen unfrei macht, beleuchtet. Auch Wege, wie man sich und sein Lebensumfeld, ohne Kampf und Widerstand, wieder Ganz und Heil macht werden aufgezeigt. Mit dem Einzelnen fängt die Veränderung an und wenn der Einzelne sich verändert, dann verändert sich *ALLES*. Genau darauf zielt das Buch ab und soll dem Suchenden, hilfreiche Impulse geben.
Auf der Holistic Art e.V. Redaktion: **www.holisticart.eu**

Hendrik von Asgard - Top Titel

ICH BIN MENSCH
.. meint jeder, - aber ist das auch so?!

Ein anspruchsvolles Buch, jedoch einfach geschrieben und auf den **Punkt** gebracht! - Eine authentische Geschichte mit Benennung der gesetz-lichen Grundlagen, die jeder leicht für sich nachvollziehen kann.
Das Buch vermittelt Fakten und Anleitungen, wie man nicht machen muss, was man nicht will. Es zeigt auch auf, wie frei wir wirklich sind und wie man es fertig gebracht hat, uns freiwillig einem Leben zu unterwerfen, das nur wenigen dient! -

BRD GmbH...**Glaube** ich nicht ...hier die **Beweise**, dann **Wissen** sie und müssen nicht **Glauben**..Wir sind ein **freies Land** ... doch die **Tatsachen** sehen anders aus ... **Mensch vs Person** ... wer gewinnt den **Kampf** ums **Menschsein** ... der **Mensch**, - das **Opfer** seiner **Unwissenheit**?

CYCLING n. Prof. Dr. Bengston

Ein einmaliges Übungsbuch, das als Analog zu den Kursen zur Erlernung von CYCLING verfasst wurde. Mit CYCLING erreicht man Quantensprünge in der geistig-mentalen Entwicklung, die das gesamte Lebensumfeld mit einschließen. Mit CYCLING werden alle Wünsche wahr und das Leben wird zum Spiel des Beobachters.

Erfahren Sie in diesem Buch, wie auch sie schon in kurzer Zeit erfolgreich CYCELN können. Da CYCLING die erste wissenschaftlich evaluierte Mentalschule ist, kann es jeder lernen. Schon viele haben CYCLING nur durch das Studieren dieses einzigartigen Übungsbuches erlernt.

Mit vielen Übungen, die ausführlich beschrieben sind. Der Autor gilt als Spezialist für kognitive Lehrkonzepte und zählt zu den derzeit erfolgreichsten Mentaltrainern.

Erschienen im BoD Verlag, 2012.
Autor: Hendrik Hannes
ISBN: 978-3-8482-2452-4, 120 Seiten

CYCLING - Integration in den Alltag

Der Autor, Cosmo Energetic Großmeister und Mental-Trainer, hat das Lehrkonzept an die Bedürfnisse des Alltags angepasst und die Lehrmethode so modifiert, so dass man nur noch 5 Minuten benötigt, um täglich erfolgreich zu CYCELN.
Aus den vielen Kursen entstanden Schwerpunkte tiefenpsychologischer Natur, welche die Menschen an der erfolgreichen Umsetzung hinderten.

In diesem Buch kommt nun die Lösung, die ihren Ursprung in der psychiatrischen Autoregulation findet, wodurch man mit einfachen Mitteln, auch die komplxesten Probleme lösen kann.
Zudem sind viele Tools benannt, die das Praktizieren von CYCLING leichter und effizienter machen.

Mehr als 500 Kursteilnehmer sind so bereits nach nur 2 Tagen erfolgreich ins CYCELN gekommen!

Erschienen im BoD Verlag, 2012.
Autor: Hendrik Hannes
ISBN: 978-3-7322-4700-4, 139 Seiten

Mit Wissen um Recht zu Freiheit und Gesundheit

Wir sind eine Gemeinschaft von Menschen für Menschen
unser Ziel ist eine friedvolle Welt
in Selbstbestimmung und Selbstverantwortung
geprägt von der Vielfalt ihrer Individuen
in Dankbarkeit und Achtung aller Lebensformen
insbesondere unserer Mutter Erde
als segensreiche Grundlage unseres Seins.

Wir Männer – Frauen und Kinder als Teil des Großen Ganzen bestimmen gemäß Naturrecht in voller Eigenverantwortung durch Ausdruck unseres freien Willens unser Leben selbst.

www.mutter-erde.bayern

www.ingramcontent.com/pod-product-compliance
Lightning Source LLC
Chambersburg PA
CBHW050209230526
45470CB00001B/310